高职高专"十三五"规划教材 · 数控铣考证与竞赛系列

UG 10.0 造型设计实例教程

詹建新　主　编

张鹏飞　孙令真　副主编

电子工业出版社
Publishing House of Electronics Industry
北京 · BEIJING

内 容 简 介

本书是根据编者十多年来在模具公司从事一线工作的经验编写的，书中的许多内容是编者工作经验的积累与心得。全书共 11 章：UG 设计入门、简单零件造型、UG 基本特征设计、简单曲面的零件造型、从上往下式零件设计、参数式零件设计、装配设计、NX 工程图设计、钣金设计入门、综合训练和 PMI 标注。全书结构清晰、内容详细、案例丰富，内容深入浅出，重点突出，着重培养学生的实际能力。

本书可作为高职高专院校教材，也可以作为相关专业技术人员的参考书。

图书在版编目（CIP）数据

UG 10.0 造型设计实例教程 / 詹建新主编. —北京：电子工业出版社，2017.10
高职高专"十三五"规划教材. 数控铣考证与竞赛系列
ISBN 978-7-121-32837-4

Ⅰ. ①U… Ⅱ. ①詹… Ⅲ. ①计算机辅助设计－应用软件－高等职业教育－教材 Ⅳ. ①TP391.72

中国版本图书馆 CIP 数据核字（2017）第 244024 号

责任编辑：郭穗娟
印　　刷：北京七彩京通数码快印有限公司
装　　订：北京七彩京通数码快印有限公司
出版发行：电子工业出版社
　　　　　北京市海淀区万寿路 173 信箱　邮编　100036
开　　本：787×1 092　1/16　印张：12.75　字数：300 千字
版　　次：2017 年 10 月第 1 版
印　　次：2019 年 2 月第 2 次印刷
定　　价：45.00 元

凡所购买电子工业出版社图书有缺损问题，请向购买书店调换。若书店售缺，请与本社发行部联系，联系及邮购电话：(010)88254888，88258888。

质量投诉请发邮件至 zlts@phei.com.cn，盗版侵权举报请发邮件至 dbqq@phei.com.cn。

本书咨询方式：(010)88254502，guosj@phei.com.cn。

前　言

2017 年 5 月，编者在重庆举办的全国数控大赛上了解到，不少参赛队伍的领队老师反映，学生对 3D 造型与草绘还不熟练，软件的应用能力较差，他们希望找到一本 UG 方面高质量的书籍来解决这个问题。此外，参赛的学生也都反映造型设计与数控编程比较难。有的学校因为找不到合适的参赛指导书而直接放弃这次比赛；还有的学校在备战过程中，因老师的能力非常有限，而不得不临时从工厂招聘一些有经验的技术人员帮忙带队培训。为此，编者针对数控大赛，编写一些实例比较好的、操作性强的指导书，归入"高职高专'十三五'规划教材·数控铣考证与竞赛系列"。

若要编写高质量的 UG 类图书，编者必须既有多年在工厂一线岗位的工作实践，且有多年从事数控和模具教学的经验，才能写出适合学校需要的受学生欢迎的竞赛指导书。本丛书编者正好具有这方面优势：丛书主编有将近 20 年在模具厂一线工作岗位工作的实践，长期从事产品造型、模具设计与数控加工的编程与操作，在运用 UG 进行产品造型、模具设计与数控加工编程方面积累了相当的经验；后来转行从事教学工作，多年来从事 UG 造型、模具设计与数控加工课程教学。其所编写的书稿贴近教学，也接近考证竞赛实际需要，在多年来的实际教学中深受学生欢迎。

关于数控铣考证与竞赛考证的软件有很多，如 UG、Cimatron、Mastercam、Cative、Powermill 等。但这些软件中，以 UG 和 Mastercam 的使用量最大，UG 是一个功能强大的软件，它主要分为造型设计、模具设计与数控编程等模块，而模具设计这部分又分为塑料模具设计与钣金模具设计两大部分。其中，造型设计与数控编程数控竞赛的两大模块，现在很多老师都在寻找内容比较好的、由专业人士编写的这方面书籍。经调查，大部分带队老师希望能买到按 UG 的四大模块编写的指导书。因此，本丛书中有 4 本是关于 UG 造型的实例教程。

（1）《Mastercam X9 数控铣中（高）级考证实例精讲》

（2）《Creo 4.0 造型设计实例精讲》

（3）《UG 10.0 造型设计实例教程》

（4）《UG 10.0 塑料模具设计实例教程》

（5）《UG 10.0 数控编程实例教程》

（6）《UG 10.0 冲压模具设计实例》

本书是丛书之一，全书共 11 章，包括 UG 设计入门、简单零件造型、UG 基本特征造型、简单曲面的零件造型、从上往下式零件设计、参数式零件设计、装配设计、NX 工程图设计、钣金设计入门、综合训练和 PMI 标注。读者学完本书之后，对 UG 的应用能力应有明显的提高。

本书中所有的实例都是精心挑选出来的，非常典型，适合课堂教学。大部分都附有练习题。读者在学完实例后，应完成课后的练习，以起到加强学习的作用。

本书第1~3章由广州华立科技职业学院张鹏飞老师编写，第4~6章由广州华立科技职业学院孙令真老师编写，第7~11章由广州华立科技职业学院詹建新老师编写，全书由詹建新老师统稿。

尽管编者为本书付出十分的心血，但书中疏漏欠妥之处在所难免，敬请广大读者批评指正。作者联系方式：QQ648770340。

编　者

2019年2月

目　录

第1章 UG 设计入门

本章主要介绍 UG NX 10.0 的一些基本知识和工作环境，详细介绍 UG 草绘的基本命令，以及在创建实体时，初学者应注意的几个问题。

1. UG 建模界面

UG 界面包括标题栏、横向菜单、主菜单、快捷菜单、辅助工具条、资源条、提示栏、工作区等，如图 1-1 所示。

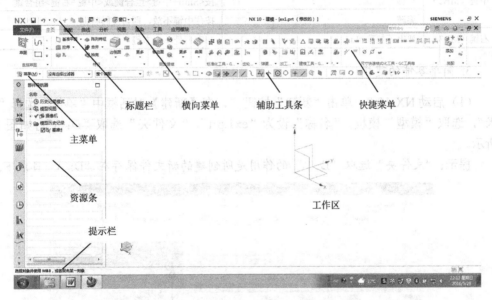

图 1-1　UG NX 10.0 界面

（1）标题栏。显示当前软件的名称、版本号，以及当前正在操作的零件名称，如果对部件已经做了修改，但还没有保存，那么在文件名的后面还会有"（修改的）"文字。

（2）横向菜单。由主页、装配、曲线、分析、视图、渲染、工具和应用模块等组成。

（3）主菜单，也称为纵向菜单。系统所有基本命令和设置都在这个菜单栏里。

（4）快捷菜单。对于 UG 的常用命令，以快捷形式排布在屏幕的上方，方便用户使用。

（5）辅助工具条。用于选择过滤图素的类型和图形捕捉。

（6）资源条。包括"部件导航器"、"约束导航器"、"装配导航器"、"数控加工导向"等。

（7）提示栏。主要用来提示操作者必须执行的下一步操作，对于不熟悉的命令，操作者可以按照提示栏的提示，一步一步地完成整个命令的操作。

（8）工作区。主要用于绘制零件图、草绘图等。

2. 三键鼠标在 UG 软件中的使用方法

在 UG 建模过程中，合理使用三键滚轮鼠标，可以实现平移、缩放、旋转及弹出快捷菜单等操作，操作起来十分方便，三键滚轮鼠标左、中、右三键的功能见表 1-1。

表 1-1　三键鼠标功能

鼠标按键	功能	操作说明
左键（MB1）	选取命令及实体、曲线、曲面等对象	直接单击鼠标左键
中键（MB2）	放大或缩小	按<Ctrl+中键>组合建或<左键+中键>组合键
	平移	按<Shift+中键>组合键或<中键+右键>组合键
	旋转	按住中键不放，即可旋转视图
右键（MB3）	弹出下拉菜单	在空白处单击右键

3. 简单零件的建模

（1）启动 NX 10.0，单击"新建"按钮，在【新建】对话框中"单位"选择"毫米"，选取"模型"模板，"名称"设为"ex1.prt"，"文件夹"选取"D：\"，如图 1-2 所示。

提示： "文件夹"选取"D：\"的作用是所创建的新文件保存在"D：\"目录下。

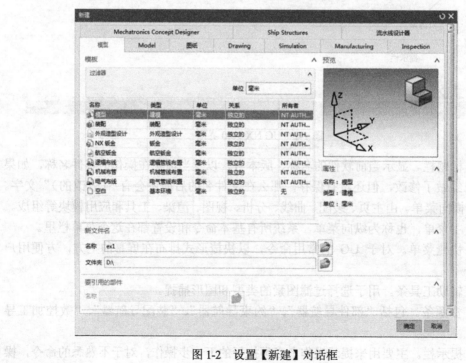

图 1-2　设置【新建】对话框

（2）单击"确定"按钮，进入建模环境，此时 UG 的工作背景是灰色，是 UG 的默认颜色。

（3）依次选取"菜单 | 首选项 | 背景"命令，在【编辑背景】对话框中"着色视图"选取"◉ 纯色"，"线框视图"选取"◉ 纯色"，"普通颜色"选取"白色"，如图 1-3 所示。

（4）单击"确定"按钮，UG 的工作背景变成白色。

（5）单击"拉伸"按钮 ，在【拉伸】对话框中单击"绘制截面"按钮 ，如图 1-4 所示。

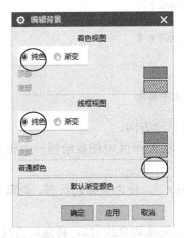

图 1-3　【编辑背景】对话框　　　　　　　图 1-4　选取"绘制截面"按钮

（6）在【创建草图】对话框中"草图类型"选取"在平面上"，"平面方法"选取"现有平面"，"参考"选取"水平"，单击"指定点"按钮 ，在【点】对话框中输入（0，0，0），如图 1-5 所示。

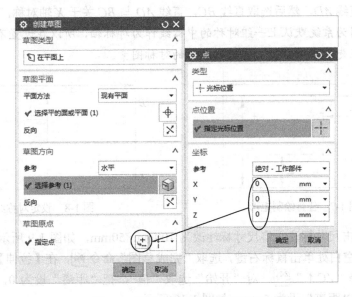

图 1-5　设定【创建草图】对话框

3

（7）在工作区中选取 *XOY* 平面作为草绘平面，选取 *X* 轴作为水平参考，此时工作区中出现一个动态坐标系，动态坐标系与基准坐标系重合，如图 1-6 所示。

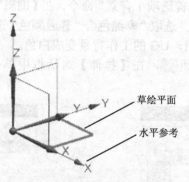

图 1-6　选取草绘平面与水平参考

（8）单击"确定"按钮，工作区的视图切换至草绘方向。

（9）选取"菜单｜插入｜曲线｜矩形"命令，在工作区中任意绘制一个矩形，如图 1-7 所示。

（10）在快捷菜单中单击"显示草绘约束"按钮，使之呈弹起状态，隐藏草绘中的约束符号。

（11）在快捷菜单中单击"设为对称"按钮，先选取直线 *AB*，再选取直线 *CD*，然后选取 *Y* 轴作为对称轴，直线 *AB*、*CD* 关于 *Y* 轴对称，如图 1-8 所示。

提示：此时水平方向的标注可能变成红色，这是因为在水平方向存在多余的尺寸标注，请选中其中一个红色标注，再按键盘的 Delete 键删除即可恢复成蓝色。

（12）再在【设为对称】对话框中单击"选择中心线"按钮，先选取 *X* 轴作为对称轴，再选取直线 *AD*，然后选取直线 *BC*，直线 *AD* 与 *BC* 关于 *X* 轴对称，如图 1-8 所示。

提示：因为系统默认上一组对称的中心线作为对称轴，所以在设置不同对称轴的对称约束时，应先选取对称轴，再选取其他的对称图素。

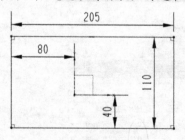

图 1-7　任意绘制矩形

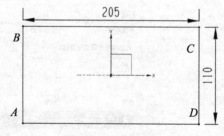

图 1-8　设定对称约束

（13）双击尺寸标注，将尺寸标注改为 100mm×50mm，如图 1-9 所示。

（14）在空白处单击鼠标右键，选取"完成草图"命令，在【拉伸】对话框中"指定矢量"选择"ZC↑"，对"开始"选取"值"，把"距离"设为 0，对"结束"选取"值"，把"距离"设为 5mm，如图 1-10 所示。

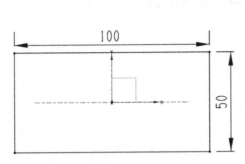

图 1-9　修改标注尺寸（100mm×50mm）

图 1-10　设置【拉伸】对话框

（15）单击"确定"按钮，创建一个拉伸特征，特征的颜色是系统默认的棕色。

（16）在工作区上方单击"正三轴测图"按钮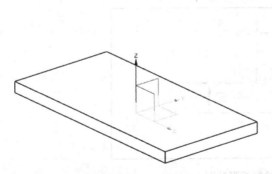，切换视图后如图 1-11 所示。

（17）选取"菜单|编辑|对象显示"命令，选取零件后，再单击"确定"按钮，在【编辑对象显示】对话框中把"图层"设为 10，对"颜色"选取"黑色"，"线型"选取"实线"，"线宽"选取 0.5mm，如图 1-12 所示。

图 1-11　创建拉伸体

图 1-12　设定【编辑对象显示】对话框

（18）单击"确定"后，特征从工作区的屏幕消失。

提示：这是因为特征移到第 10 层，而第 10 层没有打开。

（19）选取"菜单│格式│图层设置"命令，在【图层设置】对话框中勾选"☑10"，显示第 10 层的图素，如图 1-13 所示，工作区中显示实体，实体的颜色变为黑色。

（20）在工作区上方的工具条中选取"带有隐藏边的线框"按钮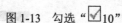，如图 1-14 所示。此时，实体以线框（线条为实线，线宽为 0.5mm）的形式显示。

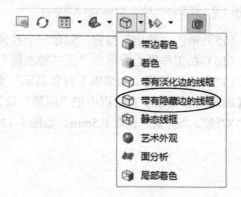

图 1-13　勾选"☑10"　　　　　　图 1-14　选取"带有隐藏边的线框"按钮

（21）单击"拉伸"按钮，在【拉伸】对话框中单击"绘制截面"按钮，选取 *XOY* 平面作为草绘平面，*X* 轴作为水平参考，单击"确定"按钮，视图切换至草绘方向。

（22）任意绘制一个矩形截面，如图 1-15 所示。

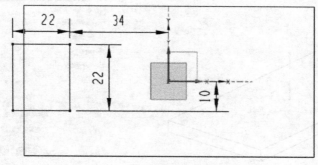

图 1-15　绘制矩形截面

（23）单击"设为对称"按钮，设定矩形的两条水平线关于 X 轴对称，如图 1-16 所示。

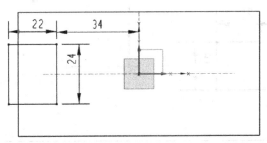

图 1-16　设定两条水平线关于 X 轴对称

（24）单击"几何约束"按钮，在【几何约束】对话框中选中"共线"按钮，选取草绘左边的竖直线为"要约束的对象"，实体左边的边线为"要约束到的对象"，如图 1-17 所示。

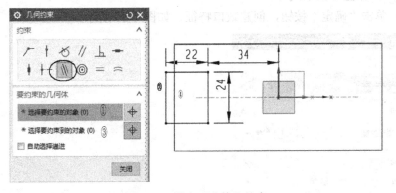

图 1-17　设定"共线"约束

（25）此时水平方向的标注可能变成红色，请选中"34"的红色标注，再按键盘的 Delete 键删除，竖直线与边线重合如图 1-18 所示。

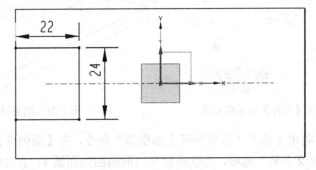

图 1-18　竖直线与边线重合

（26）双击"尺寸标注"，将尺寸标注改为20mm×16mm，如图1-19所示。

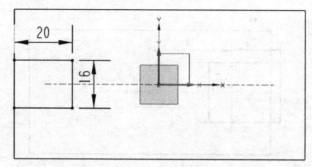

图1-19 修改尺寸标注

（27）单击"草图"按钮，在【拉伸】对话框中"指定矢量"选择"ZC↑" ，对"开始"选取"值"，把"距离"设为0，对"结束"选取" 贯通"，"布尔"选取"求差" ，如图1-20所示。

（28）单击"确定"按钮，创建缺口特征，如图1-21所示。

图1-20 设定【拉伸】对话框参数

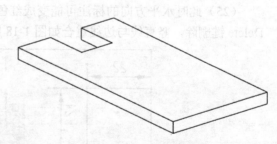

图1-21 创建缺口特征

（29）选取"菜单 | 插入 | 细节特征 | 面倒圆"命令，在【面倒圆】对话框中对"类型"选取"三个定义面链"选项，选取缺口左边的曲面为面链1，右边的曲面为面链2，中间的曲面为中间面链，三个箭头方向指向同一区域，如图1-22所示。

（30）单击"确定"按钮，创建面倒圆特征，如图1-23所示。

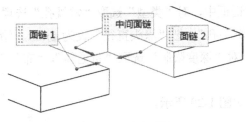

图 1-22　选取面链

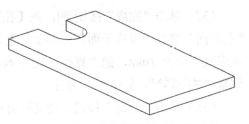

图 1-23　创建面倒圆特征

（31）选取"菜单｜插入｜关联复制｜镜像特征"命令，按住 Ctrl 键，在"部件导航器"中选取☑▦拉伸 (2)和☑♪面倒圆 (3)作为要镜像的特征，选取 ZOY 平面作为镜像平面，单击"确定"按钮，创建镜像特征，如图 1-24 所示。

（32）选取"菜单｜插入｜细节特征｜倒斜角"命令，在【倒斜角】对话框中"横截面"选取"对称"，把"距离"设为 5mm，如图 1-25 所示。

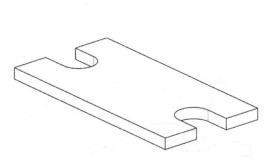

图 1-24　镜像特征

图 1-25　设置【倒斜角】对话框

（33）单击"确定"按钮，创建 5mm×5mm 的斜角，如图 1-26 所示。

（34）选取"菜单｜插入｜设计特征｜孔"命令，在【孔】对话框中单击"绘制截面"按钮🖉，选取 XOY 平面作为草绘平面，X 轴作为水平参考，单击"指定点"按钮⊞，在【点】对话框中输入（0，0，0），如图 1-5 所示。

（35）单击"确定"按钮，视图切换至草绘方向。

（36）绘制一个点，修改尺寸后，如图 1-27 所示。

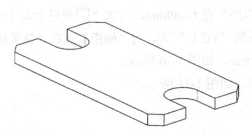

图 1-26　创建"边倒角"特征

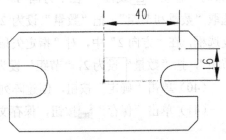

图 1-27　绘制一个点

（37）单击"完成"按钮 🏁，在【孔】对话框中，对"类型"选取"常规孔"选项，"孔方向"选取"垂直于面"，"形状"选取"沉头孔"；把"深头直径"设为 8mm，"沉头深度"设为 1mm，把"直径"设为 6mm；对"深度限制"选取"贯通体"，"布尔"选取"🔲 求差"，如图 1-28 所示。

（38）单击"确定"按钮，创建孔特征，如图 1-29 所示。

图 1-28　【孔】对话框

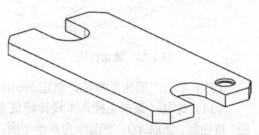

图 1-29　创建沉头孔

（39）选取"菜单｜插入｜关联复制｜阵列特征"命令，在【阵列特征】对话框中"布局"选取"▦ 线性"，在"方向 1"中，对"指定矢量"选取"XC↑" XC，"间距"选取"数量和节距"，把"数量"设为 2，"节距"设为–80mm，勾选"☑ 使用方向 2"复选框，在"方向 2"中，对"指定矢量"选取"YC↑" YC，对"间距"选取"数量和节距"，把"数量"设为 2，"节距"设为–32mm，如图 1-30 所示。

（40）单击"确定"按钮，创建阵列特征，如图 1-31 所示。

（41）单击"保存" 💾 按钮，保存文档。

图 1-30　【阵列特征】对话框

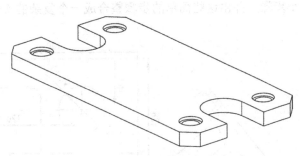

图 1-31　创建阵列特征

4. 给初学者的几点建议

（1）将一个复杂的零件分解为若干个小步骤，每一个小步骤不能再分解成更小的步骤。

（2）尽量绘制最简易的截面，避免使用太多的倒圆角（倒斜角），如确有必要，则可以在实体上进行倒圆角（倒斜角），这样能使复杂的零件简单化。

（3）保持剖面简捷，利用增加其他特征来完成复杂形状，这样可以使复杂的形状简单化。

（4）合理设置【拉伸】、【旋转】对话框中"开始"、"结束"参数，可以减少创建实体的步骤。

（5）尽量用阵列、镜像等方式来创建实体上相同的特征。

（6）尽量选择 UG 中的基准平面作为草绘平面，方便以后修改实体。

（7）在创建草图时，尽量使用几何约束命令，保持草图简捷。

（8）多与同学或同事交流学习 UG 的经验与体会。

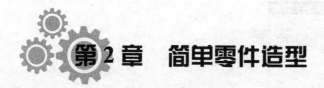

第2章 简单零件造型

本章以几个简单的造型作为例子，详细介绍 UG 造型的一些基本方法。

1. 工作台

本节以一个简单的实体造型作为例，详细介绍了在产品造型时，将实体分解成若干小步骤，并由这些简单的步骤整合成一个复杂的实体的过程，产品如图 2-1 所示。

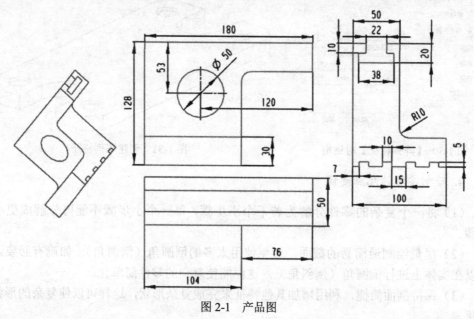

图 2-1 产品图

（1）启动 NX 10.0，单击"新建"按钮🖺，在【新建】对话框中"名称"设为"ex2-1"，对"单位"选择"毫米"，选取"模型"模板，"文件夹"选取"D：\"，参考图 1-2。

（2）单击"确定"按钮，进入建模环境。

（3）单击"拉伸"按钮📖，在【拉伸】对话框中单击"绘制截面"按钮📰，参考图 1-4。

（4）在【创建草图】对话框中对"草图类型"选取"在平面上"，"平面方法"选取"现有平面"，"参考"选取"水平"，单击"指定点"按钮➕，在【点】对话框中输入（0，0，0），如图 1-5 所示。

（5）在工作区中选取 ZOY 平面作为草绘平面，Y 轴作为水平参考，此时工作区中出现一个动态坐标系，动态坐标系与基准坐标系重合，参考图 1-6。

（6）单击"确定"按钮，工作区的视图切换至草绘方向。

（7）选取"菜单 | 插入 | 曲线 | 矩形"命令，任意绘制一个矩形，如图2-2所示。

（8）单击"几何约束"按钮 ，在【几何约束】对话框中选中"共线"按钮 ，如图2-3所示。

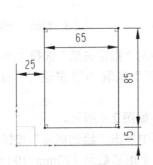

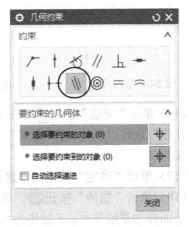

图2-2 任意绘制一个矩形   图2-3 选中"共线"按钮

（9）选取草绘左边的竖直线作为"要约束的对象"，坐标系的 Y 轴作为"要约束到的对象"，删除红色的标注。

（10）采用相同的方法，设定下方的水平线与 X 轴共线，结束后如图2-4所示。

（11）单击"显示草绘约束"按钮 ，使之呈弹起状态。隐藏草绘中的约束符号，保持草绘整洁，如图2-5所示。

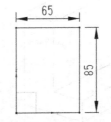

图2-4 设定共线约束   图2-5 隐藏约束符号

（12）双击尺寸标注，将尺寸修改为100mm×128mm，如图2-6所示。

（13）单击"完成"按钮 ，在【拉伸】对话框中对"指定矢量"选择"-XC↓" ，对"开始"选取"值"，把"距离"设为0，对"结束"选取"值"，把"距离"设为180mm，对"布尔"选取" 无"。

（14）单击"确定"按钮，创建拉伸特征，如图2-7所示。

（15）单击"拉伸"按钮 ，在【拉伸】对话框中单击"绘制截面"按钮 ，选取 ZOY 平面作为草绘平面，Y 轴作为水平参考，绘制一个矩形截面（50mm×98mm），如图2-8所示。

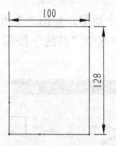

图 2-6　修改尺寸

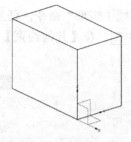

图 2-7　创建拉伸特征

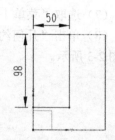

图 2-8　绘制一个矩形截面

（16）单击"完成"按钮，在【拉伸】对话框中对"指定矢量"选择"-XC↓"，对"开始"选取"值"，把"距离"设为 0，对"结束"选取"贯通"，"布尔"选取"求差"。

（17）单击"确定"按钮，创建求差特征（一），如图 2-9 所示。

（18）单击"拉伸"按钮，在【拉伸】对话框中单击"绘制截面"按钮，选取 ZOY 平面作为草绘平面，Y 轴作为水平参考，绘制一个矩形截面（22mm×10mm），如图 2-10 所示。

（19）单击"完成"按钮，在【拉伸】对话框中对"指定矢量"选择"-XC↓"，对"开始"选取"值"，把"距离"设为 0，对"结束"选取"贯通"，"布尔"选取"求差"。

（20）单击"确定"按钮，创建求差特征（二），如图 2-11 所示。

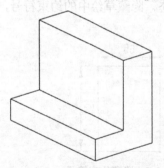

图 2-9　创建求差特征（一）

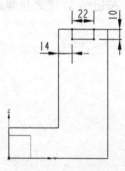

图 2-10　绘制矩形截面
（22mm×10mm）

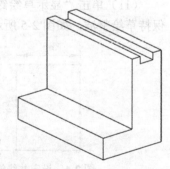

图 2-11　创建求差特征（二）

（21）单击"拉伸"按钮，在【拉伸】对话框中单击"绘制截面"按钮，选取 ZOY 平面作为草绘平面，Y 轴作为水平参考，绘制一个矩形截面（38mm×10mm），如图 2-12 所示。

（22）单击"完成"按钮，在【拉伸】对话框中对"指定矢量"选择"-XC↓"，对"开始"选取"值"，把"距离"设为 0，对"结束"选取"贯通"，"布尔"选取"求差"。

（23）单击"确定"按钮，创建求差特征（三），如图 2-13 所示。

（24）单击"边倒圆"按钮，创建边倒圆特征（R10mm），如图 2-14 所示。

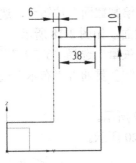

图 2-12　绘制矩形截面
（38mm×10mm）

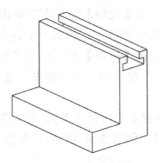

图 2-13　创建求差特征（三）

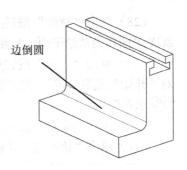

边倒圆

图 2-14　创建边倒圆特征

读者可以自行尝试将第 7～24 步骤的过程改为先绘制整个截面，再创建拉伸实体，如图 2-15 所示。虽然同样能创建实体，但是因为所绘制的截面复杂，不如分成一个一个的小步骤灵活，不建议用这种方法。

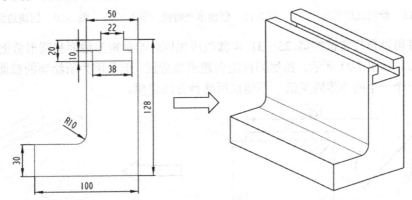

图 2-15　先绘制整个截面，再创建拉伸实体

（25）单击"拉伸"按钮▊，在【拉伸】对话框中单击"绘制截面"按钮▓，选取 *ZOX* 平面作为草绘平面，*X* 轴作为水平参考，绘制一个矩形截面，如图 2-16 所示。

（26）单击"完成"按钮▓，在【拉伸】对话框中"指定矢量"选择"YC↑"，对"开始"选取"值"，把"距离"设为 0，对"结束"选取"▓贯通"，"布尔"选取 "▓求差"。

（27）单击"确定"按钮，创建求差特征（四），如图 2-17 所示。

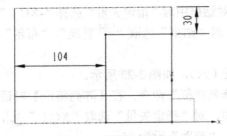

图 2-16　绘制矩形截面

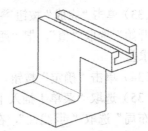

图 2-17　创建求差特征（四）

（28）单击"拉伸"按钮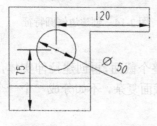，在【拉伸】对话框中单击"绘制截面"按钮，选取 *ZOX* 平面作为草绘平面，*X* 轴作为水平参考，绘制一个圆形截面，如图 2-18 所示。

（29）单击"完成"按钮，在【拉伸】对话框中"指定矢量"选择"YC↑"，对"开始"选取"值"，把"距离"设为 0，对"结束"选取"贯通"，"布尔"选取"求差"。

（30）单击"确定"按钮，创建求差特征（五），如图 2-19 所示。

（31）单击"边倒圆"按钮，创建边倒圆特征，如图 2-20 所示。

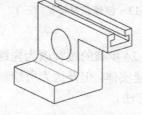
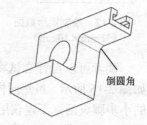

图 2-18　绘制圆形截面　　　图 2-19　创建求差特征（五）　　　图 2-20　创建边倒圆特征

　　读者可以自行尝试将第 25～31 步骤改成先同时绘制矩形截面和圆形截面，再创建求差实体，如图 2-21 所示。虽然同样能创建求差特征，但是因为所绘制的截面复杂，不如分成一个一个的小步骤灵活，不建议用这种方法建模。

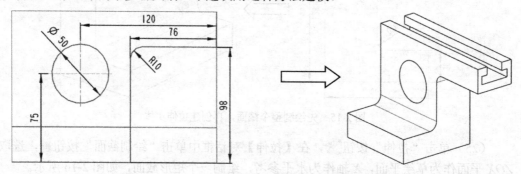

图 2-21　先绘制矩形截面与圆形截面，再创建拉伸实体

（32）单击"拉伸"按钮，在【拉伸】对话框中单击"绘制截面"按钮，选取 *ZOY* 平面作为草绘平面，*Y* 轴作为水平参考，绘制一个矩形截面（10mm×5mm），如图 2-22 所示。

（33）单击"完成"按钮，在【拉伸】对话框中对"指定矢量"选择"-XC↓"，对"开始"选取"值"，把"距离"设为 0，对"结束"选取"贯通"，"布尔"选取"求差"。

（34）单击"确定"按钮，创建求差特征（六），如图 2-23 所示。

（35）选取"菜单｜插入｜关联复制｜阵列特征"命令，在【阵列特征】对话框中对"布局"选取"线性"，在"方向 1"中，对"指定矢量"选取"XC↑"，"间距"选取"数量和节距"，把"数量"设为 4，"节距"设为 25mm。

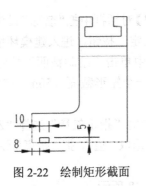

图 2-22　绘制矩形截面

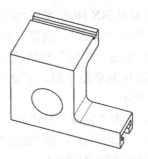

图 2-23　创建求差特征（六）

（36）单击"确定"按钮，创建阵列特征，如图 2-24 所示。

提示：在创建实体下底面的 4 条槽时，不可先创建图 2-25 所示的截面，再创建槽。

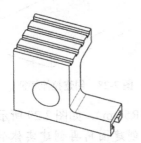

图 2-24　创建阵列特征

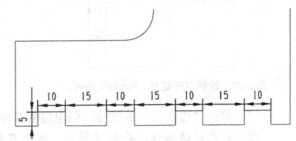

图 2-25　创建相同的截面

（37）单击"保存"按钮，保存文档。

总结：本节主要介绍了在创建实体时，将一个复杂的零件分解作为若干个小步骤，每一个小步骤不能再分解成更小的步骤，并由这些小步骤整合成一个实体。

2. 支撑柱

本节以一个简单的实体造型作为例，详细介绍了在产品造型时，尽量绘制最简易的截面，避免使用太多的倒圆角（倒斜角），而是在实体中添加圆角（斜角），产品图如图 2-26 所示。

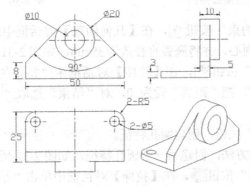

图 2-26　产品图

（1）启动 NX 10.0，单击"新建"按钮，在【新建】对话框中把"名称"设为"ex2-2"，"单位"选择"毫米"，选取"模型"模板，单击"确定"按钮，进入建模环境。

（2）单击"拉伸"按钮，在【拉伸】对话框中单击"绘制截面"按钮，选取 XOY 平面作为草绘平面，X 轴作为水平参考，绘制一个矩形截面（50mm×25mm），如图 2-27 所示。

（3）单击"完成"按钮，在【拉伸】对话框中对"指定矢量"选择"ZC↑"，对"开始"选取"值"，把"距离"设为 0，对"结束"选取"值"，把"距离"设为 3mm，对"布尔"选取"无"。

（4）单击"确定"按钮，创建拉伸特征，如图 2-28 所示。

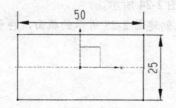
图 2-27　绘制矩形截面（50mm×25mm）

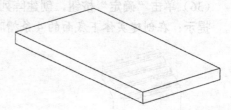
图 2-28　创建拉伸特征

（5）单击"边倒圆"按钮，创建边倒圆特征（2-R5mm），如图 2-29 所示。

提示：先创建实体，再创建圆角，比先在草绘上创建圆角再创建实体的方法更方便。

（6）单击"拉伸"按钮，在【拉伸】对话框中单击"绘制截面"按钮，选取 XOY 平面作为草绘平面，X 轴作为水平参考，任意绘制一个圆形截面，如图 2-30 所示。

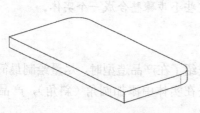
图 2-29　创建边倒圆特征

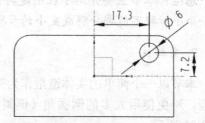
图 2-30　绘制圆形截面

（7）单击"几何约束"按钮，在【几何约束】对话框中选中"同心"按钮，设定草图圆与边倒圆同心，并将圆弧直径改为φ5mm，如图 2-31 所示。

（8）单击"完成"按钮，在【拉伸】对话框中"指定矢量"选择"ZC↑"，对"开始"选取"值"，把"距离"设为 0，对"结束"选取"贯通"，"布尔"选取"求差"。

（9）单击"确定"按钮，创建圆孔特征。

（10）采用相同的方法，创建另一个圆孔特征，如图 2-32 所示。

（11）单击"拉伸"按钮，在【拉伸】对话框中单击"绘制截面"按钮，选取零件的侧面作为草绘平面，边线作为水平参考，如图 2-33 所示。

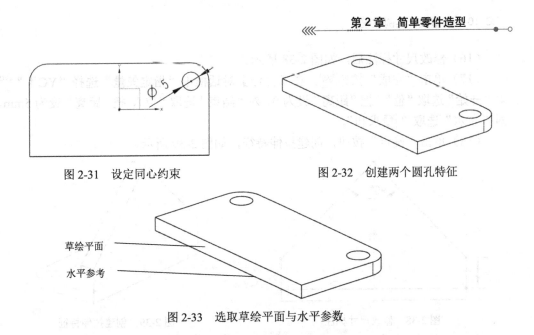

图 2-31 设定同心约束   图 2-32 创建两个圆孔特征

草绘平面

水平参考

图 2-33 选取草绘平面与水平参数

（12）单击"确定"按钮，进入草绘模式，并任意绘制一个截面，如图 2-34 所示。

（13）单击"几何约束"按钮 ，在【几何约束】对话框中选中"竖直"按钮 ，设定左、右两条边竖直，两竖直边上多了"竖直"约束的符号，如图 2-35 所示。

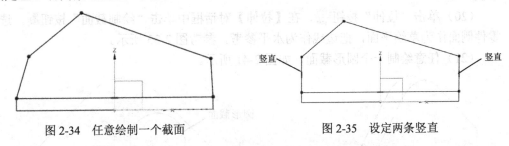

竖直   竖直

图 2-34 任意绘制一个截面   图 2-35 设定两条竖直

（14）在【几何约束】对话框中选中"相等"按钮 ，设定左、右两条边相等，左、右两条边上多了"相等"的符号，如图 2-36 所示。

（15）在【几何约束】对话框中选中"点在曲线上"按钮 ，选取顶点作为"要约束的对象"，选取 Y 轴作为"要约束到的对象"，把顶点约束到 Y 轴上，如图 2-37 所示。

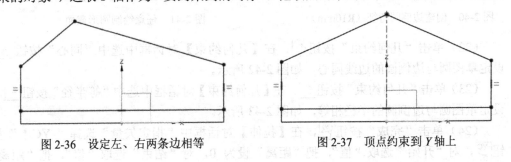

图 2-36 设定左、右两条边相等   图 2-37 顶点约束到 Y 轴上

（16）修改尺寸标注后，如图 2-38 所示。

（17）单击"完成"按钮 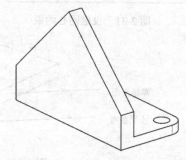，在【拉伸】对话框中"指定矢量"选择"YC↑" ，对"开始"选取"值"，把"距离"设为 0，对"结束"选取"值"，把"距离"设为 5mm，对"布尔"选取" 求和"。

（18）单击"确定"按钮，创建拉伸特征，如图 2-39 所示。

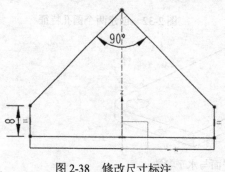

图 2-38 修改尺寸标注

图 2-39 创建拉伸特征

（19）单击"边倒圆"按钮 ，创建边倒圆特征（R10mm），如图 2-40 所示。

提示：这个圆角是在实体上创建的，比先在草绘上创建圆角再创建实体的方法更方便。

（20）单击"拉伸"按钮 ，在【拉伸】对话框中单击"绘制截面"按钮 ，选取零件侧面作为草绘平面，把边线作为水平参考，参考图 2-33 所示。

（21）任意绘制一个圆形截面，如图 2-41 所示。

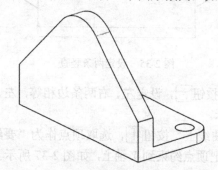

圆形截面

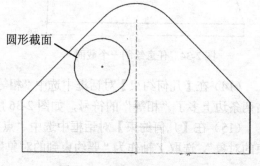

图 2-40 创建边倒圆特征（R10mm）

图 2-41 任意绘制圆形截面

（22）单击"几何约束"按钮 ，在【几何约束】对话框中选中"同心"按钮 ，设定草图圆与边倒圆的边线同心，如图 2-42 所示。

（23）单击"几何约束"按钮 ，在【几何约束】对话框中选中"等半径"按钮 ，设定草图圆与边倒圆的半径相等，如图 2-43 所示。

（24）单击"完成"按钮 ，在【拉伸】对话框中"指定矢量"选择"-YC↑"按钮 ，对"开始"选取"值"，把"距离"设为 0，对"结束"选取"值"，把"距离"设为 5mm，对"布尔"选取" 求和"。

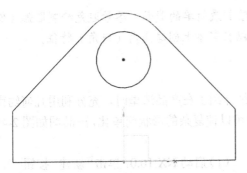

图 2-42　设定草图圆与边倒圆同心

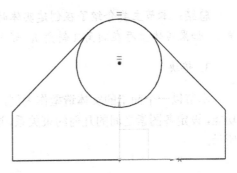

图 2-43　设定草图圆与边倒圆的半径相等

（25）单击"确定"按钮，创建拉伸特征，如图 2-44 所示。

（26）单击"拉伸"按钮 ，在【拉伸】对话框中单击"绘制截面"按钮 ，选取零件侧面作为草绘平面，把边线作为水平参考。按照上述的步骤，绘制一个同心圆，直径设为 $\phi10$ mm，如图 2-45 所示。

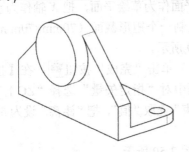

图 2-44　创建拉伸特征

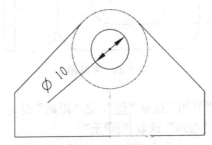

图 2-45　绘制同心圆

（27）单击"完成"按钮 ，在【拉伸】对话框中"指定矢量"选择"-YC↑"按钮 ，对"开始"选取" 贯通"，对"结束"选取" 贯通"，对"布尔"选取" 求差"。

（28）单击"确定"按钮，创建切除特征，如图 2-46 所示。

（29）单击"倒斜角"按钮 ，创建倒斜角特征（1mm×1mm），如图 2-47 所示。

（30）单击"保存"按钮 ，保存文档。

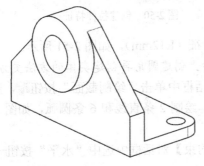

图 2-46　创建切除特征

倒斜角

图 2-47　创建倒斜角特征

总结： 本节主要介绍了在创建实体时，绘制最简单的截面，尽量避免绘制圆弧（倒角），如果实体上存在圆角（斜角），那么可以在实体上创建圆角（斜角）特征。

3.垫块

本节以一个简单的实体造型作为例，详细介绍了在产品造型时，充分利用几何约束功能，设定各图素之间的几何约束关系，这样可以使复杂的形状简单化，产品图如图2-48所示。

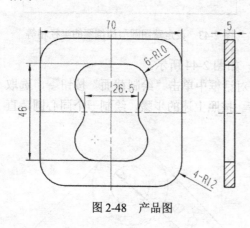

图2-48 产品图

（1）启动 NX 10.0，单击"新建"按钮 ，在【新建】对话框中"名称"设为"ex2-3"，"单位"选择"毫米"，选取"模型"模板，单击"确定"按钮，进入建模环境。

（2）单击"拉伸"按钮 ，在【拉伸】对话框中单击"绘制截面"按钮 ，选取 XOY 平面作为草绘平面，把 X 轴作为水平参考，绘制一个矩形截面（70mm×70mm），如图2-49所示。

（3）单击"完成"按钮 ，在【拉伸】对话框中对"指定矢量"选择"ZC↑" ，

对"开始"选取"值"，把"距离"设为0，对"结束"选取"值"，把"距离"设为5mm，对"布尔"选取" 无"。

（4）单击"确定"按钮，创建拉伸特征，如图2-50所示。

图2-49 绘制截面

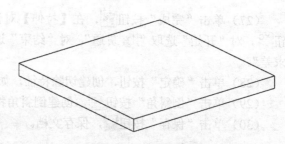

图2-50 创建拉伸特征

（5）单击"边倒圆"按钮 ，创建边倒圆特征（R12mm），如图2-51所示。

提示： 先创建实体再创建圆角，比先在草绘上创建圆角再创建实体的方法更方便。

（6）单击"拉伸"按钮 ，在【拉伸】对话框中单击"绘制截面"按钮 ，选取 XOY 平面作为草绘平面，把 X 轴作为水平参考，绘制2条直线和6条圆弧，如图2-52所示。

（7）单击"几何约束"按钮 ，在【几何约束】对话框中选中"水平"按钮 ，设定两条直线水平。

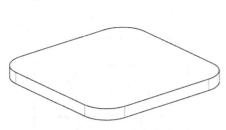

图 2-51 创建边倒圆特征

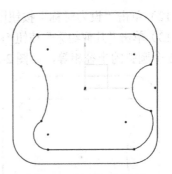

图 2-52 绘制一个截面

（8）单击"几何约束"按钮，在【几何约束】对话框中选中"相切"按钮，设定草图中的图素两两相切，如图 2-53 所示。

（9）单击"设为对称"按钮，设定草绘中的两条水平线关于 X 轴对称，如图 2-54 所示。

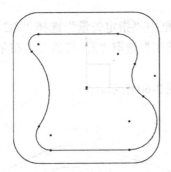

图 2-53 直线与圆弧两两相切

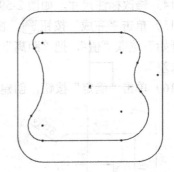

图 2-54 设定两条直线关于 X 轴对称

（10）单击"设为对称"按钮，设定左、右圆弧关于 Y 轴对称，如图 2-55 所示。

（11）单击"几何约束"按钮，在【几何约束】对话框中选中"点在曲线上"按钮，设定左、右两边中间圆弧的圆心在 X 轴上，如图 2-56 所示。

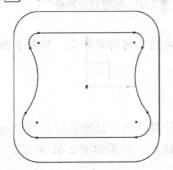

图 2-55 设定左、右圆弧关于 Y 轴对称

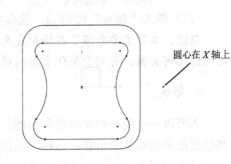

图 2-56 圆心在 X 轴上

（12）单击"设为对称"按钮 ，设定上、下圆弧关于 X 轴对称，如图2-57所示。

（13）单击"几何约束"按钮 ，在【几何约束】对话框中选中"等半径"按钮 ，设定6个圆弧的半径相等，如图2-58所示。

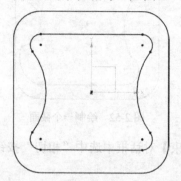
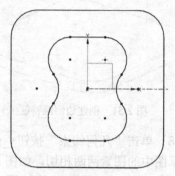

图2-57　设定上、下圆弧关于 X 轴对称　　　　图2-58　圆弧两两相等

（14）修改标注尺寸，如图2-59所示。

（15）单击"完成"按钮 ，在【拉伸】对话框中"指定矢量"选择"ZC↑" ，对"开始"选取"值"，把"距离"设为0，对"结束"选取" 贯通"，"布尔"选取" 求差"。

（16）单击"确定"按钮，创建切除特征，如图2-60所示。

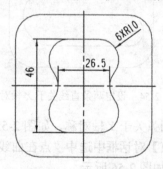
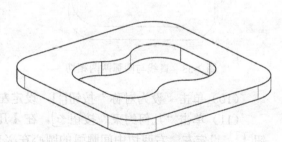

图2-59　修改尺寸　　　　　　　　　　图2-60　创建切除特征

（17）单击"保存"按钮 ，保存文档。

总结： 本节主要介绍了在绘制复杂的截面时，尽量运用几何约束命令，控制各图素之间的几何关系，有利于简化复杂的截面。

4. 垫板

本节以一个简单的实体造型为例，详细介绍了在设计复杂的产品造型时，可以增加其他特征来完成复杂形状，这样可以使复杂的形状简单化，产品图如图2-61所示。

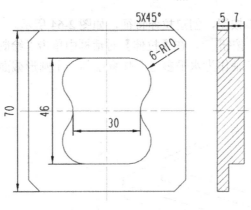

图 2-61　产品图

（1）启动 NX 10.0，单击"新建"按钮 ▯，在【新建】对话框中"名称"设为"ex2-4"，"单位"选择"毫米"，选取"模型"模板，单击"确定"按钮，进入建模环境。

（2）单击"拉伸"按钮 ▦，在【拉伸】对话框中单击"绘制截面"按钮 ▨，选取 *XOY* 平面作为草绘平面，*X* 轴作为水平参考，绘制一个矩形截面（70mm×70mm），如图 2-49 所示。

（3）单击"完成"按钮 ▨，在【拉伸】对话框中"指定矢量"选择"ZC↑" ▨，对"开始"选取"值"，把"距离"设为 0，对"结束"选取"值"，把"距离"设为 5mm，对"布尔"选取" ▨无"。

（4）单击"确定"按钮，创建拉伸特征，如图 2-50 所示。

（5）单击"倒斜角"按钮 ▨，创建倒斜角特征（5mm×5mm），如图 2-62 所示（温馨提示：先创建实体再创建倒斜角，比先在草绘上创建斜角再创建实体的方法更方便）。

（6）单击"拉伸"按钮 ▦，在【拉伸】对话框中单击"绘制截面"按钮 ▨，选取 *XOY* 平面作为草绘平面，*X* 轴作为水平参考，绘制一个矩形截面（46mm×46mm），如图 2-63 所示。

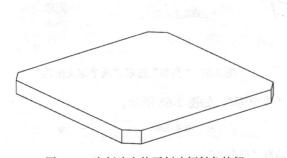

图 2-62　先创建实体再创建倒斜角特征

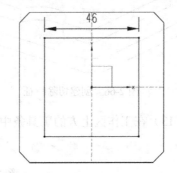

图 2-63　绘制矩形截面（46mm×46mm）

（7）单击"完成"按钮 ▨，在【拉伸】对话框中"指定矢量"选择"ZC↑" ▨，对"开始"选取"值"，把"距离"设为 0，对"结束"选取"值"，把"距离"设为 10mm，对"布尔"选取" ▨求和"。

（8）单击"确定"按钮，创建拉伸特征，如图 2-64 所示。

（9）单击"拉伸"按钮，在【拉伸】对话框中单击"绘制截面"按钮，选取台阶面作为草绘平面，X 轴作为水平参考，任意绘制一个圆形截面（$\phi20mm$），如图 2-65 所示。

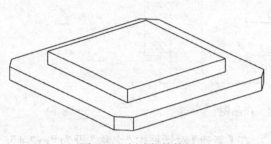

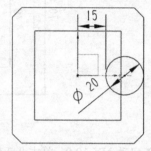

图 2-64　创建拉伸特征	图 2-65　绘制一个圆形截面

（10）单击"完成"按钮，在【拉伸】对话框中"指定矢量"选择"ZC↑"，对"开始"选取"值"，把"距离"设为 0，对"结束"选取"贯通"，"布尔"选取"求差"。

（11）单击"确定"按钮，创建切除特征，如图 2-66 所示。

（12）选取"菜单｜插入｜细节特征｜面倒圆"命令，在【面倒圆】对话框中"类型"选取"两个定义面链"，如图 2-67 所示。

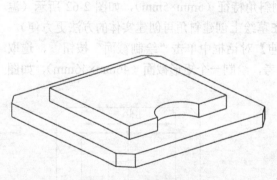

图 2-66　创建切除特征	图 2-67　"类型"选取"两个定义面链"

（13）在工作区上方的工具条中选取"单个面"，如图 2-68 所示。

图 2-68　选取"单个面"

（14）在实体上选取"面链 1"与"面链 2"，调整箭头方向，如图 2-69 所示。

（15）在【面倒圆】对话框中输入"半径"作为 10mm。

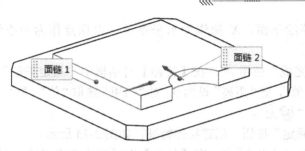

图 2-69 选取"面链 1"与"面链 2"

（16）单击"确定"按钮，创建面倒圆特征，如图 2-70 所示。

（17）采用相同的方法，创建另外三个面倒圆特征，如图 2-71 所示。

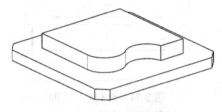

图 2-70 创建面倒圆特征

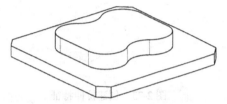

图 2-71 创建其他面倒圆特征

总结： 本节主要介绍了在创建复杂形状的实体时，先创建简单的实体，再创建两个切除特征，然后运用倒圆角命令创建复杂形状的实体。本节的图形与上一节的图形基本相同，读者可以自行比较一下两种方法的优劣，有兴趣的读者可以用这种方法创建上一节的实体。

5. 双孔板

本节以一个简单的实体造型作为例，详细介绍了在设计复杂的产品造型时，可以增加其他特征来完成复杂形状，这样可以使复杂的形状简单化，产品图如图 2-72 所示。

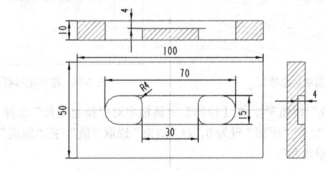

图 2-72 产品图

（1）启动 NX 10.0，单击"新建"按钮，在【新建】对话框中"名称"设为"ex2-5"，"单位"选择"毫米"，选取"模型"模板，单击"确定"按钮，进入建模环境。

（2）单击"拉伸"按钮，在【拉伸】对话框中单击"绘制截面"按钮，选取

XOY 平面作为草绘平面，X 轴作为水平参考，以原点作为中心绘制一个矩形截面（100mm×50mm）。

（3）单击"完成"按钮，在【拉伸】对话框中"指定矢量"选择"ZC↑"，对"开始"选取"值"，把"距离"设为 0，对"结束"选取"值"，把"距离"设为 10mm，对"布尔"选取"无"。

（4）单击"确定"按钮，创建拉伸特征，如图 2-73 所示。

（5）单击"拉伸"按钮，在【拉伸】对话框中单击"绘制截面"按钮，选取 XOY 平面作为草绘平面，X 轴作为水平参考，绘制一个矩形截面（70mm×15mm），如图 2-74 所示。

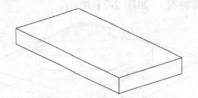

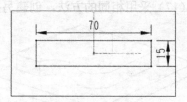

图 2-73　创建拉伸特征　　　　　　　　图 2-74　绘制矩形截面

（6）单击"完成"按钮，在【拉伸】对话框中对"指定矢量"选择"ZC↑"，对"开始"选取"值"，把"距离"设为 0，对"结束"选取"贯通"，"布尔"选取"求差"。

（7）单击"确定"按钮，创建切除特征，如图 2-75 所示。

（8）单击"拉伸"按钮，在【拉伸】对话框中单击"绘制截面"按钮，选取上表面作为草绘平面，X 轴作为水平参考，绘制一个矩形截面（30mm×15mm），如图 2-76 所示。

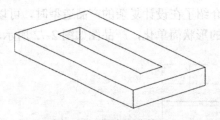

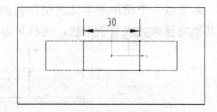

图 2-75　创建切除特征　　　　　　　　图 2-76　绘制矩形截面

（9）单击"完成"按钮，在【拉伸】对话框中对"指定矢量"选择"ZC↑"，对"开始"选取"值"，把"距离"设为 0，对"结束"选取"值"，把"距离"设为 6mm，对"布尔"选取"求和"。

（10）单击"确定"按钮，创建求和特征，如图 2-77 所示。

（11）选取"菜单|插入|细节特征|面倒圆"命令，在【面倒圆】对话框中"类型"选取"三个定义面链"。

（12）在工作区上方的工具条中，先选取"单个面"，再在零件图上选取面链 1、面链 2 和中间面链，注意箭头方向，如图 2-78 所示。

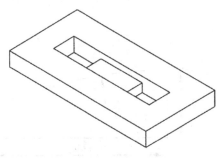

图 2-77　创建求和特征

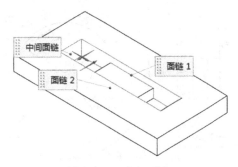

图 2-78　选取面链

（13）单击"确定"按钮，创建面倒圆特征，如图 2-79 所示。

（14）单击"边倒圆"按钮，创建边倒圆特征（R4mm），如图 2-80 所示。

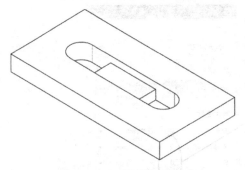

图 2-79　创建面倒圆特征

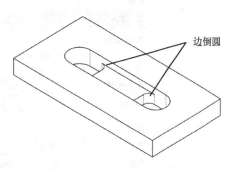

图 2-80　创建边倒圆特征

（15）单击"保存"按钮，保存文档。

总结：本节主要介绍了在创建复杂形状的实体时，可以适当增加一些特征，简化整个设计过程。

6. 旋转体

本节以一个简单的实体造型为例，详细介绍了在设计复杂的产品造型时，合理设置【拉伸】、【旋转】对话框中"开始"、"结束"参数，可以减少创建实体的步骤，产品图如图 2-81 所示。

（1）启动 NX 10.0，单击"新建"按钮，在【新建】对话框中把"名称"设为"ex2-6"，"单位"选择"毫米"，选取"模型"模板，单击"确定"按钮，进入建模环境。

（2）选取"菜单 | 插入 | 设计特征 | 旋转"命令，在【旋转】对话框中单击"绘制截面"按钮，选取 ZOX 平面作为草绘平面，X 轴作为水平参考，绘制一个截面，如图 2-82 所示。

（3）单击"完成"按钮，在【旋转】对话框中对"指定矢量"选择"ZC↑"，对"开始"选取"值"，"角度"设为 60°，对"结束"选取"值"，把"角度"设为 300°，对"布尔"选取"无"，单击"指定点"按钮，输入（0, 0, 0），如图 2-83 所示。

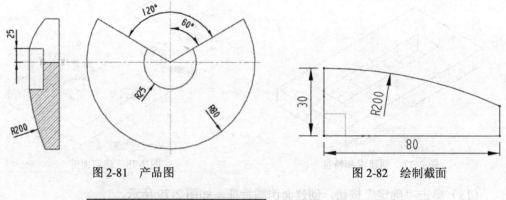

图 2-81　产品图　　　　　　　　　　　　　　　图 2-82　绘制截面

图 2-83　设置【旋转】对话框参数

（4）单击"确定"按钮，创建旋转特征，如图 2-84 所示。

（5）单击"拉伸"按钮，在【拉伸】对话框中单击"绘制截面"按钮，选取 *XOY* 平面作为草绘平面，*X* 轴作为水平参考，绘制一个圆形截面（ϕ15mm），如图 2-85 所示。

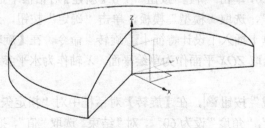

图 2-84　创建旋转特征

（6）单击"完成"按钮，在【拉伸】对话框中"指定矢量"选择"ZC↑"，对"开始"选取"值"，把"距离"设为10mm，对"结束"选取"贯通"，"布尔"选取"求差"。

（7）单击"确定"按钮，创建切除特征，如图2-86所示。

（8）单击"保存"按钮，保存文档。

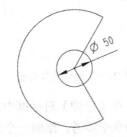

图2-85 绘制圆形截面

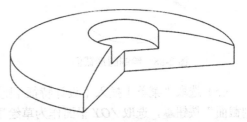

图2-86 创建切除特征

总结：本节主要介绍了在创建复杂形状的实体时，合理设置【拉伸】、【旋转】对话框中"开始"、"结束"参数，可以减少创建实体的步骤。

7. 三通

本节以一个简单的实体造型为例，详细介绍了在设计产品造型时，尽量用阵列、镜像等方式来创建实体上相同的特征，可以减少创建实体的步骤，产品图如图2-87所示。

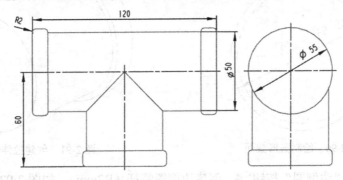

图2-87 产品图

（1）启动NX 10.0，单击"新建"按钮，在【新建】对话框中把"名称"设为"ex2-7"，"单位"选择"毫米"，选取"模型"模板，单击"确定"按钮，进入建模环境。

（2）选取"菜单｜插入｜设计特征｜拉伸"命令，在【拉伸】对话框中单击"绘制截面"按钮，选取ZOY平面作为草绘平面，Y轴作为水平参考，绘制一个圆形截面（φ50mm），如图2-88所示。

（3）单击"完成"按钮，在【拉伸】对话框中"指定矢量"选择"-XC↓"，对"开始"选取"值"，把"距离"设为0，对"结束"选取"值"，把"距离"设为50mm，对"布尔"选取"无"。

（4）单击"确定"按钮，创建拉伸特征，如图2-89所示。

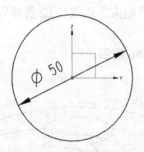

图2-88　绘制圆形截面

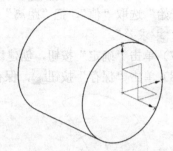

图2-89　创建拉伸特征

（5）选取"菜单｜插入｜设计特征｜██拉伸"命令，在【拉伸】对话框中单击"绘制截面"按钮██，选取ZOY平面作为草绘平面，Y轴作为水平参考，绘制一个圆形截面（φ55mm），如图2-90所示。

（6）单击"完成"按钮██，在【拉伸】对话框中对"指定矢量"选择"-XC↓"██，对"开始"选取"值"，把"距离"设为50mm，对"结束"选取"值"，把"距离"设为60mm，对"布尔"选取"██求和"。

（7）单击"确定"按钮，创建拉伸特征，如图2-91所示。

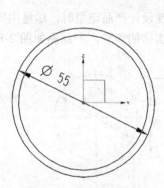

图2-90　绘制圆形截面

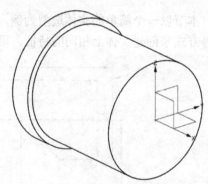

图2-91　创建拉伸特征

（8）单击"边倒圆"按钮██，创建边倒圆特征（R2mm），如图2-92所示。

（9）选取"菜单｜插入｜关联复制｜阵列特征"命令，在【阵列特征】对话框中"布局"选取"██圆形"，对"指定矢量"选取"ZC↑"██，"指定点"选取（0，0，0），"间距"选取"数量和节距"，"数量"设为3，"节距角"设为90°。

（10）按住Ctrl键，在"部件导航器"中选取██ ██拉伸(1)、██ ██拉伸(2)、██ ██边倒圆(3)

（11）单击"确定"按钮，创建阵列特征。此时三个特征之间没有交线，互相独立，如图2-93所示。

（12）选取"菜单｜插入｜组合｜██合并"命令，组合三个圆柱，如图2-94所示。

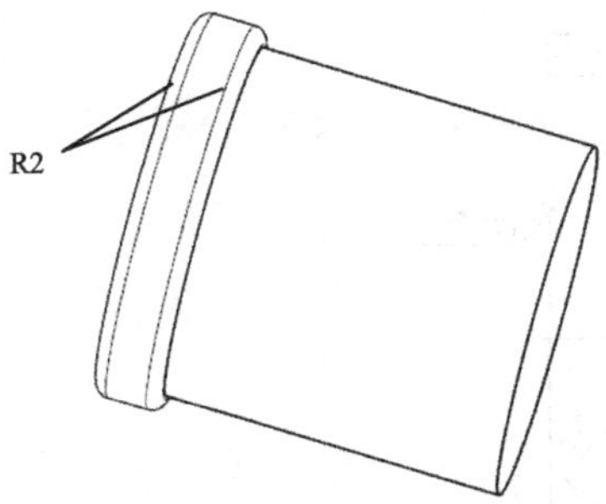

R2

图 2-92　创建边倒圆特征

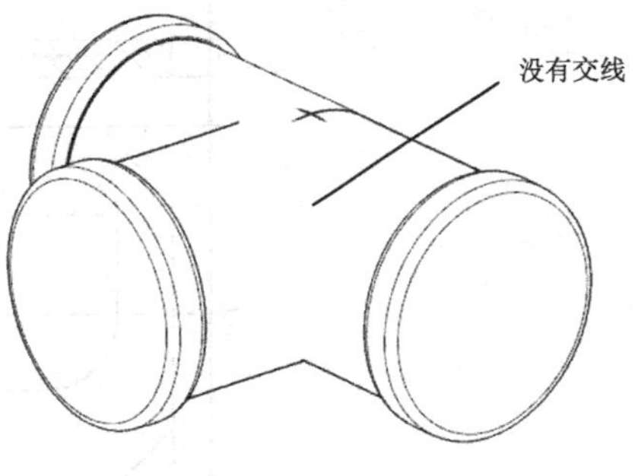

没有交线

图 2-93　创建阵列特征

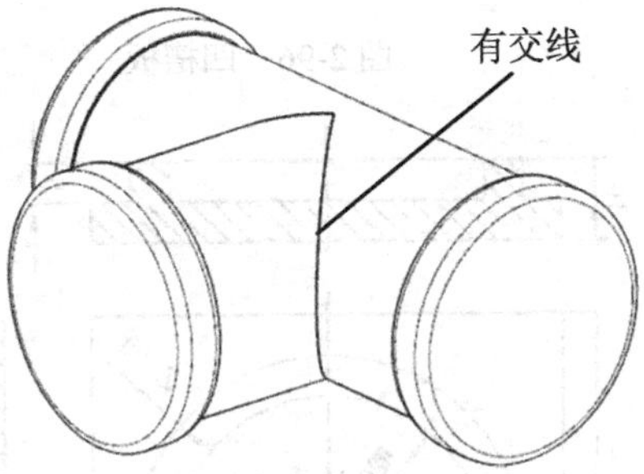

有交线

图 2-94　创建组合特征

总结： 在设计产品造型时，尽量用阵列、镜像等方式来创建实体上相同的特征，可以减少创建实体的步骤。

习　　题

按本章所介绍的最简单截面的方法，创建如图 2-95～图 2-98 所示的实体。

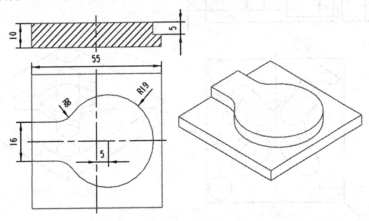

10
5
55
R19
8
16
5

图 2-95　凸模

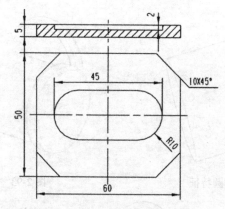

图 2-96 凹槽板

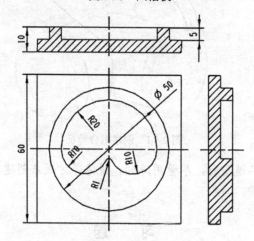

图 2-97 圆弧连接板

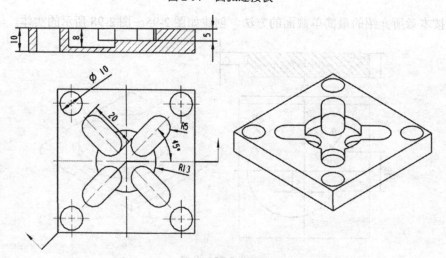

图 2-98 凹模

第3章 UG基本特征设计

早期版本的UG只能创建一些简单的实体，但其基本命令很有用。本章介绍了UG早期版本的基本命令及使用方法：块、键槽、螺纹、槽、圆柱、圆锥、球、螺纹、孔和加强筋等。

1. 轴

本节通过创建一个简单的轴造型，介绍键槽、螺纹、槽、圆柱等基本命令。同时也介绍在设计形状比较复杂轴类零件时，应把整个零件分解成若干部分，再利用布尔运算进行求和，将零件整合成一个整体，零件尺寸如图3-1所示。

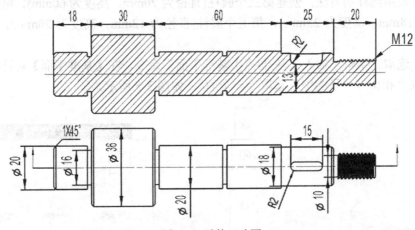

图3-1 零件尺寸图

（1）启动NX 10.0，单击"新建"按钮，在【新建】对话框中把"名称"设为"轴.prt"，"单位"选取"毫米"，选取"模型"模板，单击"确定"按钮，进入建模环境。

（2）选取"菜单|插入|设计特征|圆柱体"命令，在【圆柱】对话框中"类型"选取"轴、直径和高度"选项，对"指定矢量"选取"ZC↑"，将"直径"设为20mm，"高度"设为18mm，对"布尔"选取"无"，单击"指定点"按钮，在【点】对话框中"参考"选取"WCS"，输入（0，0，0），如图3-2所示。

（3）单击"确定"按钮，创建一个圆柱，如图3-3所示。

（4）选取"菜单|插入|设计特征|圆柱体"命令，在【圆柱】对话框中"类型"选"轴、直径和高度"选项，对"指定矢量"选取"ZC↑"，"直径"设为36mm，"高度"设为30mm，对"布尔"选取"求和"，单击"指定点"按钮，在【点】对话框中选取"圆弧中心/椭圆中心/球心"选项，在工作区中选取圆柱的上表面圆圆心。

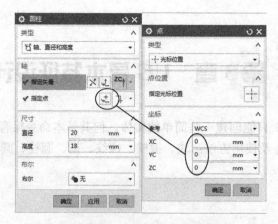

图3-2　设定【圆柱】对话框参数

（5）单击"确定"按钮，创建第二个圆柱。

（6）采用同样的方法，创建第三个圆柱(直径为20mm，高度为60mm)，第四个圆柱(直径为18mm，高度为25mm)，第五个圆柱(直径为12mm，高度为20mm)，如图3-4所示。

（7）选取"菜单｜插入｜基准/点｜基准平面"命令，在【基准平面】对话框中"类型"选取"相切"，"子类型"选取"一个面"，如图3-5所示。

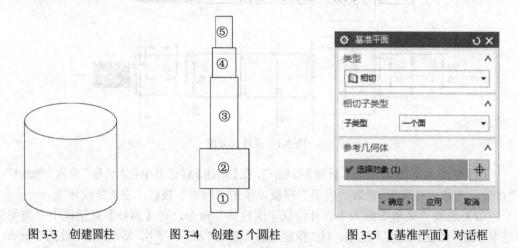

图3-3　创建圆柱　　　　图3-4　创建5个圆柱　　　　图3-5　【基准平面】对话框

（8）选取直径为ϕ17mm的圆柱面，生成一个相切的基准面，如图3-6所示。

（9）选取"菜单｜插入｜设计特征｜键槽"命令，在【键槽】对话框中选取"◉球形端槽"，如图3-7所示。

（10）单击"确定"按钮，在【球形键槽】对话框中单击"基准平面"按钮，选取图3-6创建的基准平面，单击"接受默认边"按钮，在【水平参考】对话框中单击"基准平面"按钮，选取ZOX平面作为水平参考。

（11）在【球形键槽】对话框中把"球直径"设为 4mm，"深度"设为 5mm，"长度"设为 15mm，如图 3-8 所示。

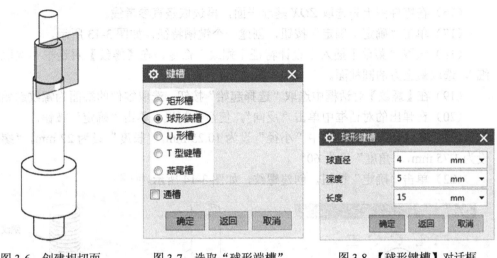

图 3-6　创建相切面　　　图 3-7　选取"球形端槽"　　　图 3-8　【球形键槽】对话框

（12）单击"确定"按钮，在【定位】对话框中选取"垂直"按钮，如图 3-9 所示。

（13）在零件图上先选 *XOY* 基准平面，再选水平参考线，如图 3-10 所示。

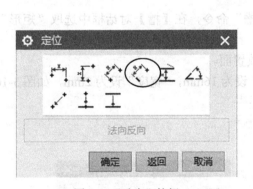

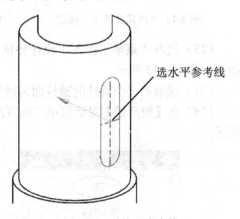

选水平参考线

图 3-9　"垂直"按钮　　　　　　　图 3-10　选水平参考线

（14）在【创建表达式】对话框中，将值改为 120mm，如图 3-11 所示。

图 3-11　将值改为 120mm

（15）单击"确定"按钮，在【定位】对话框中选取"线落在线上"按钮，如图3-12所示。

（16）在零件图上先选取 *ZOX* 基准平面，再选取竖直参考线。

（17）单击"确定 | 确定"按钮，创建一个键槽特征，如图3-13所示。

（18）选取"菜单 | 插入 | 设计特征 | 螺纹"命令，在【螺纹】对话框中选取"详细"，选取最上方的圆柱面。

（19）在【螺纹】对话框中选取"选择起始"按钮，选取零件的端面为螺纹起始面。

（20）在弹出的对话框中单击"反向"，使箭头朝里，单击"确定"按钮。

（21）在【螺纹】对话框中"小径"设为 10.25 mm，"长度"设为 22 mm，"螺距"设为 1.75 mm，"角度"设为 60°。

（22）单击"确定"按钮，创建螺纹，如图3-14所示。

 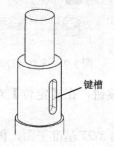 

图3-12　"线落在线上"按钮　　　　图3-13　创建键槽　　　　图3-14　"螺纹"

（23）选取"菜单 | 插入 | 设计特征 | 槽"命令，在【槽】对话框中选取"矩形"按钮，如图3-15所示。

（24）选取第一个圆柱的圆柱面为槽的放置面。

（25）在【矩形槽】对话框中"槽直径"设为 16mm，"宽度"设为 2mm，如图3-16所示。

 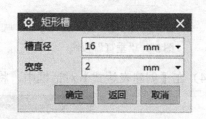

图3-15　【槽】对话框中　　　　图3-16　设置【矩形槽】对话框参数

（26）先选取实体的边线，再选取圆饼的边线，如图3-17所示。

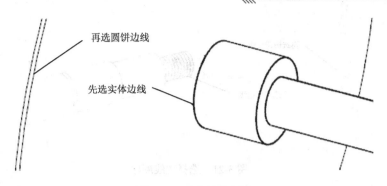

图 3-17　选取边线顺序

（27）在【创建表达式】对话框中输入 0，如图 3-18 所示。

图 3-18　在【创建表达式】对话框中输入 0

（28）单击"确定"按钮，生成一个矩形槽，如图 3-19 所示。

（29）选取"菜单｜插入｜关联复制｜阵列特征"命令，在【阵列特征】对话框中"布局"选取"线性" 🖫，对"指定矢量"选取"ZC↑" ᶻᶜ，"间距"选取"数量和节距"，"数量"设为 3，"节距"设为 32mm，在零件图上选取矩形槽为要阵列的对象。

（30）单击"确定"按钮，生成一个阵列特征，如图 3-20 所示。

提示：如果不能创建阵列，请在部件导航器中双击"圆柱（2）"、"圆柱（3）"，在【圆柱】对话框中对"布尔"改选取"求和" 🔧 选项。

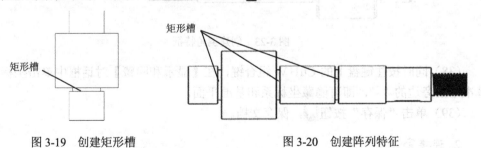

图 3-19　创建矩形槽　　　　　图 3-20　创建阵列特征

（31）选取"菜单｜插入｜设计特征｜槽"命令，在【槽】对话框中选取"矩形"按钮，在实体上选取螺纹表面为槽的放置面。

（32）在【矩形槽】对话框中，把"槽直径"设为 10mm，"宽度"设为 2mm。

（33）单击"确定"按钮，先选取实体上的边线，再选取圆饼的边线，如图 3-21 所示。

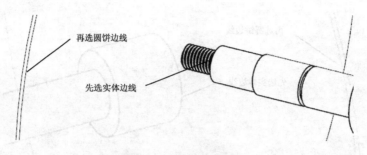

图 3-21　选择边线顺序

（34）在【创建表达式】对话框中输入：0。

（35）单击"确定"按钮，生成一个矩形槽，如图 3-22 所示。

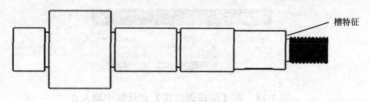

图 3-22　创建矩形槽

（36）选取"菜单｜插入｜细节特征｜倒斜角"命令"，在【倒斜角】对话框中"横截面"选择"对称"，把"距离"设为1mm。

（37）选取需倒斜角的边线，单击"确定"按钮，生成倒斜角特征，如图 3-23 所示。

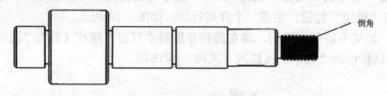

图 3-23　创建倒角特征

（38）同时按住键盘上的 Ctrl+W 组合键，在【显示和隐藏】对话框中单击坐标系与基准平面旁边的"-"，即可隐藏坐标系和基准平面。

（39）单击"保存"按钮 ，保存文档。

2. 连接管

本节通过创建一个简单零件的造型，介绍长方体、圆柱体、圆锥、孔等特征命令的使用，产品尺寸如图 3-24 所示。

（1）启动 NX 10.0，单击"新建"按钮 ，在【新建】对话框中把"名称"设为"连接管.prt"，"单位"选取"毫米"，选取"模型"模板，单击"确定"按钮，进入建模环境。

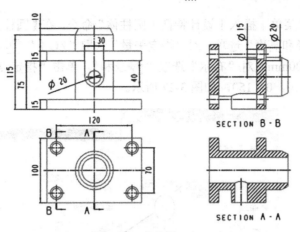

图 3-24　产品图

（2）选取"菜单 | 插入 | 设计特征 | 长方体"命令，在【块】对话框中"类型"选取"原点和边长"，XC、YC、ZC 分别设为 150mm、100mm、15mm，单击"指定点"按钮，在【点】对话框中输入（–75，–50，0），如图 3-25 所示。

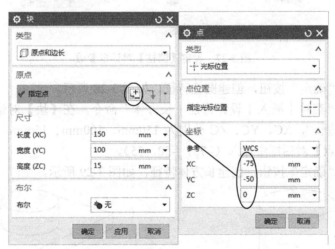

图 3-25　设定【块】对话框参数

（3）单击"确定"按钮，以左下角为基准点创建一个长方体，如图 3-26 所示。

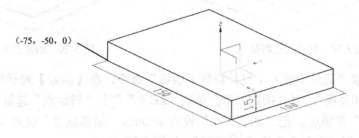

图 3-26　创建长方体

（4）选取"菜单｜插入｜设计特征｜圆柱体"命令，在【圆柱】对话框中对"类型"选取"轴、直径和高度"选项，对"指定矢量"选取"ZC↑" 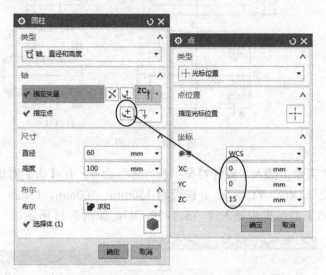，"直径"设为60mm，"高度"设为100mm，对"布尔"选取" 求和"。单击"指定点"按钮 ，在【点】对话框中输入（0，0，15），如图3-27所示。

图3-27　设定【圆柱】对话框参数

（5）单击"确定"按钮，创建圆柱特征，如图3-28所示。

（6）选取"菜单｜插入｜设计特征｜长方体"命令，在【块】对话框中对"类型"选取"原点和边长"，XC、YC、ZC分别为150mm、100mm、15mm，单击"指定点"按钮 ，在【点】对话框中输入（-75，-50，75）。

（7）单击"确定"按钮，创建长方体特征，如图3-29所示。

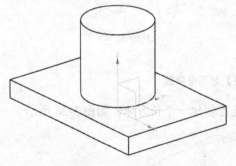

图3-28　创建圆柱特征

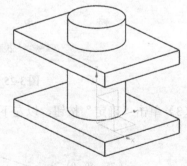

图3-29　创建长方体

（8）选取"菜单｜插入｜设计特征｜圆锥"命令，在【圆锥】对话框中对"类型"选取"直径和高度"，对"指定矢量"选取"ZC↑" ，"指定点"选取"圆弧中心/椭圆中心/球心"按钮 ，把"底部直径"设为60mm，"顶部直径"设为50mm，"高度"设为10mm，对"布尔"选取" 求和"，如图3-30所示。

（9）选取圆柱上表面圆形的圆心，单击"确定"按钮，创建圆锥特征，如图 3-31 所示。

（10）选取"菜单｜插入｜设计特征｜拉伸"命令，在【拉伸】对话框中单击"绘制截面"按钮 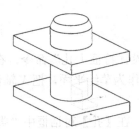，选取 *ZOX* 平面作为草绘平面，*X* 轴作为水平参考，绘制如图 3-32 所示的截面。

图 3-30　设定【圆锥】对话框参数　图 3-31　创建圆锥特征　图 3-32　绘制截面（30mm×40mm）

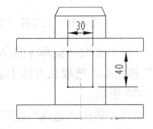

（11）单击"完成"按钮 ，在【拉伸】对话框中选择"-YC↓" ，把"开始距离"设为 0，对"结束"选取"直至延伸部分"选项，对"布尔"选取" 求和"，选取工件的侧面，如图 3-33 所示。

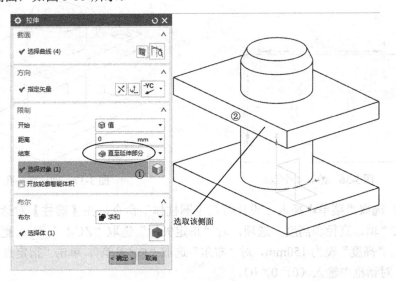

图 3-33　选取延伸曲面

（12）单击"确定"按钮，创建拉伸特征，如图3-34所示。

（13）选取"菜单｜插入｜细节特征｜面倒圆"命令，在【面倒圆】对话框中选取"三个定义面链"选项，创建面倒圆特征，如图3-35所示。

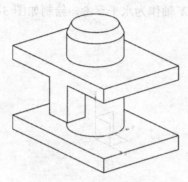 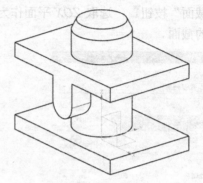

图3-34　创建拉伸特征　　　　　　　　　图3-35　创建面倒圆特征

（14）选取"菜单｜插入｜设计特征｜孔"命令，在【孔】对话框中单击"绘制截面"按钮，选取长方体上表面作为草绘平面，把X轴作为水平参考，绘制4个点，如图3-36所示。

（15）单击"完成"按钮，在【孔】对话框中"类型"选取"常规孔"，对"孔方向"选取"垂直于面"，"形状"选取"沉头孔"，把"沉头直径"设为20mm，"沉头深度"设为3mm，"直径"设为15mm，对"深度限制"选取"贯通体"，"布尔"选取"求差"。

（16）单击"确定"按钮，创建沉头孔，如图3-37所示。

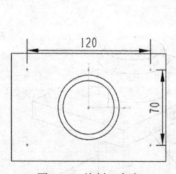 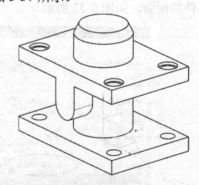

图3-36　绘制4个点　　　　　　　　　　图3-37　创建沉头孔

（17）选取"菜单｜插入｜设计特征｜圆柱体"命令，在【圆柱】对话框中对"类型"选取"轴、直径和高度"选项，对"指定矢量"选取"ZC↑"，把"直径"设为40mm，"高度"设为150mm，对"布尔"选取"求差"，单击"指定点"按钮，在【点】对话框中输入（0，0，0）。

（18）单击"确定"按钮，创建中间圆孔特征，如图3-38所示。

（19）选取"菜单｜插入｜设计特征｜圆柱体"命令，在【圆柱】对话框中对"类型"选取"轴、直径和高度"选项,对"指定矢量"选取"YC↑"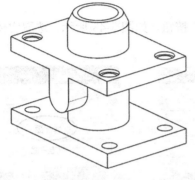,把"直径"设为 20mm,"高度"设为 50mm,对"布尔"选取"求差","指定点"选取"圆弧中心/椭圆中心/球心"按钮⊙,再选取侧面圆的圆心。

(20)单击"确定"按钮,创建侧面圆孔特征,如图 3-39 所示。

(21)单击"保存"按钮,保存文档。

图 3-38　创建中间圆孔特征　　　　图 3-39　创建侧面圆孔特征

3. 箱体

本节通过创建一个简单的箱体造型,介绍长方体、腔体、凸起、垫块等特征命令的使用,产品尺寸如图 3-40 所示。

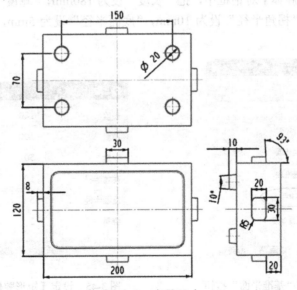

图 3-40　产品尺寸

(1)启动 NX 10.0,单击"新建"按钮,在【新建】对话框中"名称"设为"箱体.prt","单位"选取"毫米",选取"模型"模板,单击"确定"按钮,进入建模环境。

（2）选取"菜单｜插入｜设计特征｜长方体"命令，在【块】对话框中"类型"选取"原点和边长"，XC、YC、ZC 分别为 200mm、120mm、60mm，单击"指定点"按钮，在【点】对话框中输入（–100，–60，0）。

（3）单击"确定"按钮，创建一个长方体特征，如图 3-41 所示。

（4）选取"菜单｜插入｜设计特征｜腔体"命令，在【腔体】对话框中选取"矩形"按钮，如图 3-42 所示。

（5）在【矩形腔体】对话框中选取"实体面"按钮，如图 3-43 所示，选取实体的上表面。

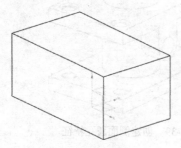

图 3-41　创建长方体　　　图 3-42　选取"矩形"按钮　　　图 3-43　选取"实体面"按钮

（6）在【水平参考】对话框中选取"基准平面"按钮，如图 3-44 所示，选取 ZOX 平面。

（7）在【矩形腔体】对话框中，把"长度"设为 180mm，"宽度"设为 100mm，"深度"设为 50mm，"拐角半径"设为 10mm，"底面半径"设为 5mm，"锥角"设为 2°，如图 3-45 所示。

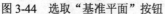

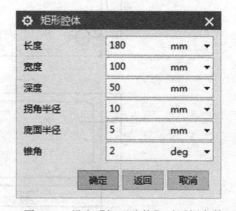

图 3-44　选取"基准平面"按钮　　　图 3-45　设定【矩形腔体】对话框参数

（8）单击"确定"按钮，在【定位】对话框中选取"线落在线上"按钮，如图 3-46 所示。

（9）先选取 ZOX 平面，再选取参考线，如图 3-47 所示。

图 3-46　【定位】对话框

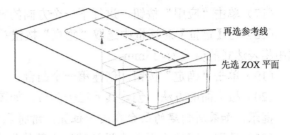

再选参考线

先选 ZOX 平面

图 3-47　先选实体边线再选参考线

（10）在【定位】对话框中选取"线落在线上"按钮 ⊥，然后先选取 ZOY 平面，再选另一方向的参考线。

（11）单击"确定"按钮，在长方体中间创建一个腔体，如图 3-48 所示。

（12）选取"菜单 | 插入 | 设计特征 | 凸台"命令，在【凸台】对话框中输入"直径"设为 20mm，"高度"设为 10mm，"锥角"设为 5°，如图 3-49 所示。

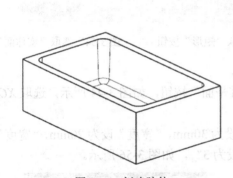

图 3-48　创建腔体

图 3-49　设定【凸台】对话框参数

（13）选取工件的下底面，创建一个暂时凸台特征。

（14）在【定位】对话框中选取"垂直"按钮。

（15）选取 ZOY 平面，UG 软件自动标注凸台中心到 ZOY 平面的尺寸，如图 3-50 所示。

（16）在【定位】对话框中将表达式的值改为 75mm，如图 3-51 所示。

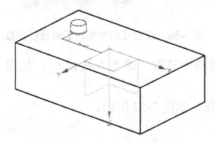

图 3-50　系统标上尺寸

图 3-51　设置【定位】对话框

（17）单击"应用"按钮，进行下一个方向的定位。

（18）在【定位】对话框中选取"垂直"按钮，选取 *ZOX* 平面，在【定位】对话框中将表达式的值改为–35mm。

（19）单击"确定"按钮，创建第一个凸台。

（20）按上面的方法，创建其他三个凸台，如图3-52所示。

提示：如果所创建的凸台在同一位置，请将表达式的数值改为负值即可。

（21）选取"菜单｜插入｜设计特征｜垫块"命令，在【垫块】对话框中选取"矩形"按钮，如图3-53所示。

（22）在【垫块】对话框中选取"实体面"按钮，如图3-54所示。

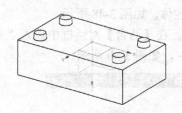
图3-52　创建凸台

图3-53　选取"矩形"按钮

图3-54　选取"实体面"

（23）选取实体的前端面，如图3-55所示。

（24）在【水平参考】对话框中选取"基准平面"按钮，如图3-44所示，选取 *XOY* 平面。

（25）在【矩形垫块】对话框中把"长度"设为30mm，"宽度"设为20mm，"宽度"设为8mm，"拐角半径"设为5mm，"锥角"设为3°，如图3-56所示。

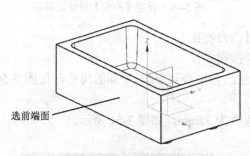
图3-55　选取实体前端面

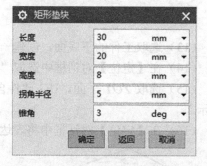
图3-56　设定【矩形垫块】对话框参数

（26）单击"确定"按钮，在【定位】对话框中选取"垂直"按钮，如图3-9所示。

（27）先选取实体的边线，再选取垫块的边线，如图3-57所示。

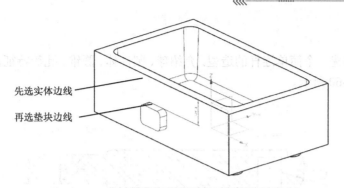

先选实体边线
再选垫块边线

图 3-57　先选取实体的边线，再选取垫块的边线

（28）在【创建表达式】对话框中将距离改为 20mm，单击"应用"按钮。

（29）在【定位】对话框中选取"垂直"按钮，先选取实体的边线，再选取垫块的边线，如图 3-58 所示。

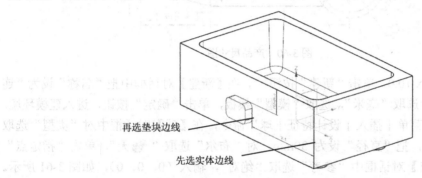

再选垫块边线

先选实体边线

图 3-58　先选取实体的边线，再选取垫块的边线

（30）在【创建表达式】对话框中将距离改为 85mm。

（31）单击"确定"按钮，创建垫块特征。

（32）在另一侧面创建相同的垫块，如图 3-59 所示。

（33）单击"保存"按钮，保存文档。

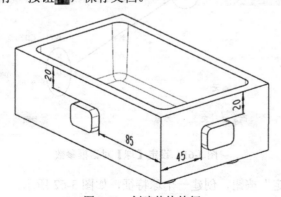

图 3-59　创建垫块特征

4. 连杆

本节通过创建一个简单连杆的造型，介绍球、圆柱体、圆锥、孔等特征命令的使用，产品尺寸如图 3-60 所示。

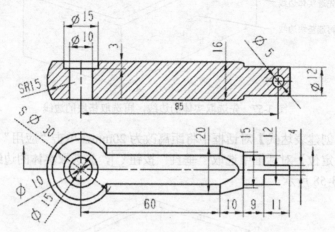

图 3-60 产品尺寸图

（1）启动 NX 10.0，单击"新建"按钮，在【新建】对话框中把"名称"设为"连杆.prt"，"单位"选取"毫米"，选取"模型"模板，单击"确定"按钮，进入建模环境。

（2）选取"菜单|插入|设计特征|球"命令，在【球】对话框中对"类型"选取"中心点和直径"，把"直径"设为 30mm，对"布尔"选取"无"，单击"指定点"按钮。在【点】对话框中"参考"选取"绝对"，输入（0，0，0），如图 3-61 所示。

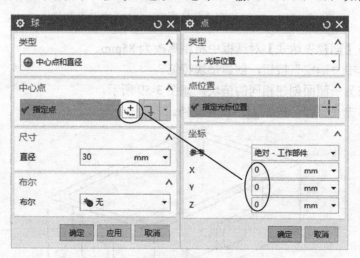

图 3-61 设定【球】对话框参数

（3）单击"确定"按钮，创建一个球特征，如图 3-62 所示。

（4）选取"菜单|插入|设计特征|圆柱体"命令，在【圆柱】对话框中对"类型"

选择"轴、直径和高度"选项，对"指定矢量"选取"XC↑"，把"直径"设为 20mm，"高度"设为 60mm，对"布尔"选取"求和"，单击"指定点"按钮，在【点】对话框中"参考"选取"WCS"，输入（0，0，0）。

（5）单击"确定"按钮，创建一个圆柱特征，如图 3-63 所示。

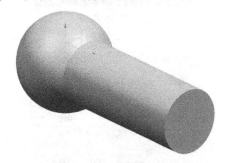

图 3-62　创建球特征　　　　　　　　图 3-63　创建圆柱体

（6）选取"菜单｜插入｜设计特征｜圆锥"命令，在【圆锥】对话框中对"类型"选取"直径和高度"，对"指定矢量"选取"XC↑"，把"底部直径"设为 20mm，"顶部直径"设为 15mm，"高度"设为 10mm，对"布尔"选取"求和"，单击"指定点"按钮。在【点】对话框中选取"圆弧中心/椭圆中心/球心"按钮，如图 3-64 所示。

（7）选取圆柱端面的边线，单击"确定"按钮，创建一个圆锥特征，如图 3-65 所示。

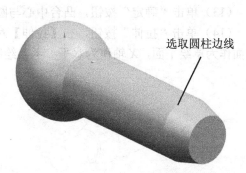

选取圆柱边线

图 3-64　设定【圆锥】对话框参数　　　　图 3-65　创建圆锥特征

（8）选取"菜单｜插入｜设计特征｜凸台"命令，在【凸台】对话框中"直径"设为 12mm，"高度"设为 20mm，"锥角"设为 0°，如图 3-66 所示。

（9）选中圆锥端面，创建一个暂时凸台特征。

（10）单击【凸台】对话框中的"应用"按钮，在【定位】对话框中单击"点落在点上"按钮，如图3-67所示。

图3-66　设定【凸台】对话框参数

图3-67　单击"点落在点上"按钮

（11）选中圆柱端面的边线，如图3-68所示。

（12）在【设置圆弧的位置】对话框中单击"圆弧中心"按钮，如图3-69所示。

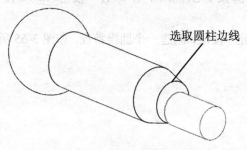

图3-68　选取圆柱端面的边线

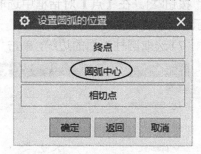

图3-69　单击"圆弧中心"按钮

（13）单击"确定"按钮，凸台中心与圆柱中心对齐，如图3-70所示。

（14）单击"拉伸"按钮，在【拉伸】对话框中单击"绘制截面"按钮，以 *XOY* 平面作为草绘平面，*X* 轴作为水平参考，绘制一个截面，如图3-71所示。

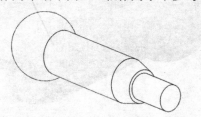

图3-70　凸台中心与圆柱中心对齐

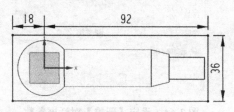

图3-71　绘制截面

（15）单击"完成"按钮，在【拉伸】对话框中对"指定矢量"选取"ZC↑"，对"开始"选取"值，把"距离"设为8mm，对"结束"选取"贯通"，"布尔"选取"求差"，如图3-72所示。

（16）单击"确定"按钮，创建切除特征。

（17）采用相同的方法，创建另一侧的切除特征，如图3-73所示。

图3-72 设定【拉伸】对话框参数

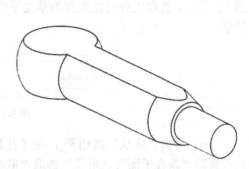

图3-73 创建切除特征

（18）单击"拉伸"按钮，在【拉伸】对话框中单击"绘制截面"按钮，以 *ZOX* 平面作为草绘平面，*X* 轴作为水平参考，绘制一个截面，如图3-74所示。

图3-74 绘制截面

（19）单击"完成"按钮，在【拉伸】对话框中对"指定矢量"选取"-YC↓"，对"开始"选取"值，把"距离"设为2mm，对"结束"选取"贯通"，"布尔"选取"求差"。

（20）单击"确定"按钮，创建切除特征，如图3-75所示。

（21）采用相同的方法，创建另一侧的切除特征。

（22）选取"菜单｜插入｜设计特征｜孔"命令，在【孔】对话框中单击"绘制截面"按钮，选取上表面作为草绘平面，X轴作为水平参考，在圆心处绘制一个点。

（23）单击"完成"按钮，在【孔】对话框中对"类型"选取"常规孔"，"孔方向"选取"垂直于面"，"形状"选取"沉头孔"，把"沉头直径"设为15mm，"沉头深度"设为3mm，"直径"设为10mm，"深度限制"选取"贯通体"，对"布尔"选取"求差"。

（24）单击"确定"按钮，创建沉头孔，如图 3-76 所示。

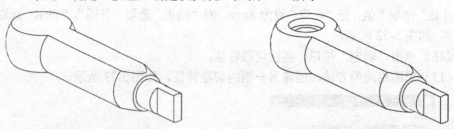

图 3-75　创建切除特征　　　　　　图 3-76　创建沉头孔

（25）选取"菜单｜插入｜设计特征｜孔"命令，在【孔】对话框中单击"绘制截面"按钮，选取工件的侧面作为草绘平面，X 轴作为水平参考，绘制一个点，如图 3-77 所示。

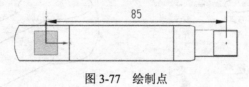

图 3-77　绘制点

（26）单击"完成"按钮，在【孔】对话框中对"类型"选取"常规孔"，"孔方向"选取"垂直于面"，"形状"选取"简单孔"，把"直径"设为 5mm，"深度限制"选取"贯通体"，对"布尔"选取"求差"。

（27）单击"确定"按钮，创建简单孔，如图 3-78 所示。

（28）单击"保存"按钮，保存文档。

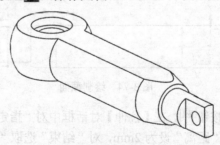

图 3-78　创建孔特征

习　题

完成如图 3-79～图 3-85 所示和关于虎钳各零件的结构造型：

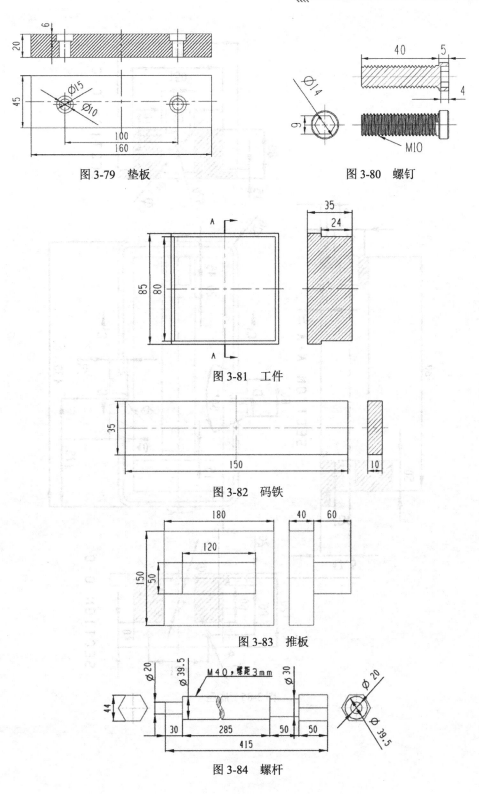

图 3-79　垫板

图 3-80　螺钉

图 3-81　工件

图 3-82　码铁

图 3-83　推板

图 3-84　螺杆

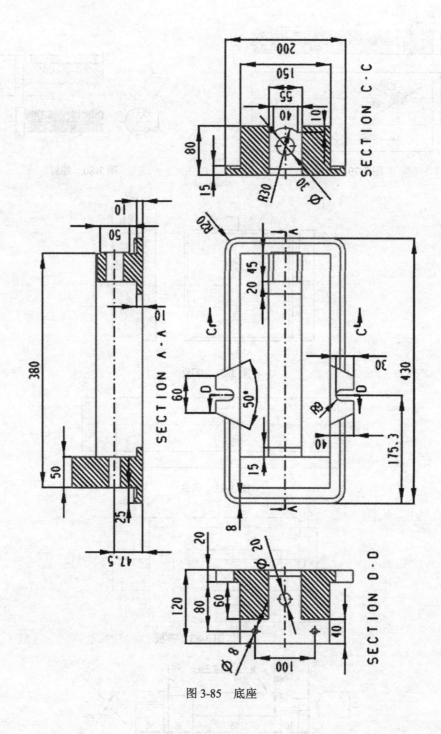

图 3-85 底座

第4章 简单曲面的零件造型

本章以几个简单的造型为例，详细介绍曲面零件设计的基本方法。

1. 果盒

本节详细介绍旋转、拔模、拉伸、抽壳、切除、阵列、倒圆角、面倒圆等特征的创建方法，产品图如图4-1所示。

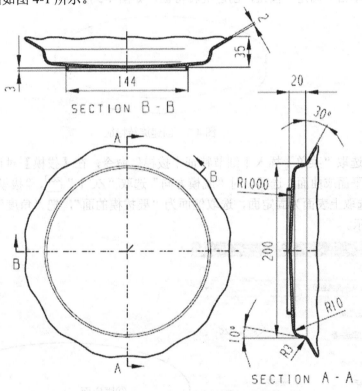

图 4-1 产品图

（1）启动 NX 10.0，单击"新建"按钮 ，在【新建】对话框中把"名称"设为"花盆"，"单位"选择"毫米"，选取"模型"模板，"文件夹"选取"D：\"。

（2）单击"确定"按钮，进入建模环境。

（3）选取"菜单｜插入｜设计特征｜旋转"命令，在【旋转】对话框中单击"绘制截面"按钮 ，选取 ZOX 平面作为草绘平面，X 轴作为水平参考，绘制一个截面，截面中圆弧的圆心在 Y 轴上，如图4-2所示。

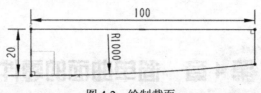

图 4-2　绘制截面

（4）单击"完成"按钮，在【旋转】对话框中对"指定矢量"选择"ZC↑"，对"开始"选取"值"，把"角度"设为 0°，对"结束"选取"值"，把"角度"设为360°，对"布尔"选取"无"，单击"指定点"按钮，输入（0，0，0），如图 2-83 所示。

（5）单击"确定"按钮，创建旋转特征，如图 4-3 所示。

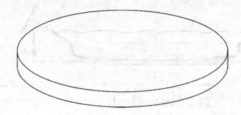

图 4-3　创建旋转特征

（6）选取"菜单｜插入｜细节特征｜拔模"命令，在【拔模】对话框中对"类型"选取"从平面或曲面"选项，对"脱模方向"选取"ZC↑"，"拔模方法"选取"固定面"，选取上表面为固定面，选取侧面为"要拔模的面"，把"角度"设为−10°，如图 4-4 所示。

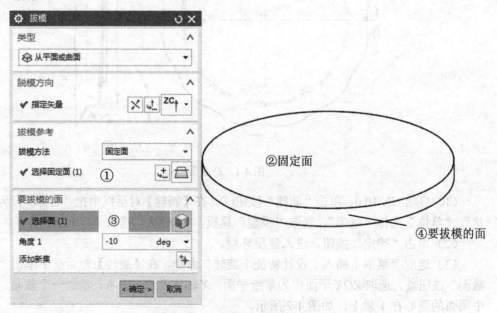

图 4-4　选取固定面与要拔模的面

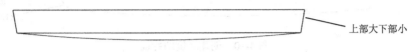

（7）单击"确定"按钮，创建拔模特征，切换成前视图后，实体是上部大下部小的形状，如图 4-5 所示。

图 4-5　前视图

（8）单击"拉伸"按钮 ⬚，在【拉伸】对话框中单击"曲线"按钮 🔲，对"指定矢量"选取"ZC ↑" ᶻᶜᵗ，把"开始距离"设为 0，"结束距离"设为 15mm，对"布尔"选取" 🔴 求和"，对"拔模"选取"从起始限制"，把"角度"设为–60°，如图 4-6 所示。

（9）选取零件上表面的边线，如图 4-7 所示。

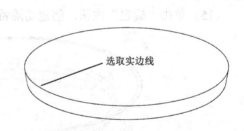

选取实边线

图 4-6　设定【拉伸】对话框参数　　　　　　图 4-7　选取实体的边线

（10）单击"确定"按钮，创建拉伸特征，正三轴测图如图 4-8 所示，前视图如图 4-9 所示。

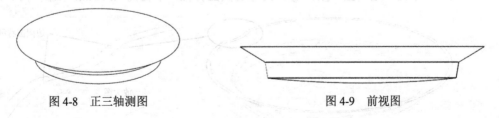

图 4-8　正三轴测图　　　　　　　　　　　图 4-9　前视图

（11）单击"边倒圆"按钮 ⬚，创建边倒圆特征，半径分别为 R3mm 和 R10mm，如图 4-10 所示。

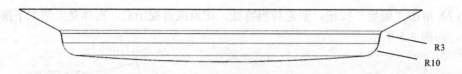

图 4-10   创建边倒圆特征

（12）单击"抽壳"按钮![btn]，选取上表面为可移除面，"厚度"设为 2mm，抽壳后零件如图 4-11 所示。

（13）单击"拉伸"按钮![btn]，在【拉伸】对话框中单击"绘制截面"按钮![btn]，选取 *ZOX* 平面作为草绘平面，把 *X* 轴作为水平参考，绘制一个截面，如图 4-12 所示。

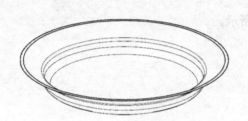

图 4-11   创建抽壳特征

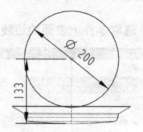

图 4-12   绘制截面

（14）单击"完成 "按钮![btn]，在【拉伸】对话框中对"指定矢量"选择"YC↑"![btn]，把"开始距离"设为 0，对"结束"选"贯通"，对"布尔"选取"![btn]求差"，"拔模"选取"无"。

（15）单击"确定"按钮，创建切除特征，如图 4-13 所示。

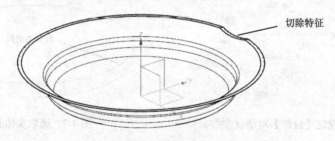

图 4-13   创建切除特征

（16）单击"边倒圆"按钮![btn]，创建边倒圆特征，半径为 R30mm，如图 4-14 所示。

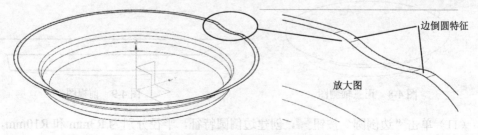

图 4-14   创建边倒圆特征

（17）选取"菜单｜插入｜关联复制｜阵列特征"命令，在【阵列特征】对话框中对"布局"选取"⬡圆形"，对"指定矢量"选取"ZC↑"　，"指定点"选取（0, 0, 0），"间距"选取"数量和节距"，"数量"设为 12，"节距角"设为 30°。

（18）按住 Ctrl 键，在"部件导航器"中选取 ☑🏛 拉伸 (7)、☑🧊 边倒圆 (8)。

（19）单击"确定"按钮，创建阵列特征，如图 4-15 所示。

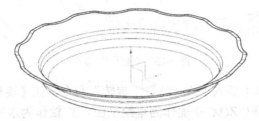

图 4-15　创建阵列特征

（20）选取"菜单｜插入｜细节特征｜面倒圆"命令，在【面倒圆】对话框中选取"三个定义面链"选项，在工作区上方的工具条中选取"单个面"，如图 4-16 所示。

图 4-16　选取"单个面"

（21）选取零件的内部曲面为"面链 1"，选取零件的外面曲面为"面链 2"。

（22）在工作区上方的工具条中选取"相切面"，如图 4-17 所示。

图 4-17　选取"相切面"

（23）选取零件口部的曲面为"面链 3"，如图 4-18 所示。

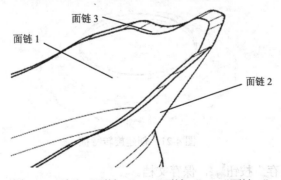

图 4-18　选取"面链 1"，"面链 2"，"面链 3"

（24）双击箭头，调整三个箭头的方向为互相指向另外两个曲面。

（25）单击"确定"按钮，创建面倒圆特征，如图 4-19 所示。

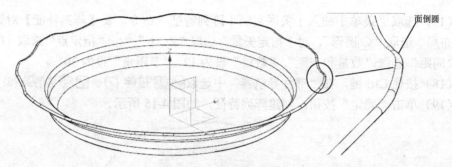

面倒圆

图 4-19   创建面倒圆特征

（26）选取"菜单｜插入｜设计特征｜旋转"命令，在【旋转】对话框中单击"绘制截面"按钮🔳，选取 *ZOX* 平面作为草绘平面，*X* 轴作为水平参考，绘制矩形截面（2mm×7mm），如图 4-20 所示。

图 4-20   绘制矩形截面

（27）单击"完成"按钮🔳，在【旋转】对话框中"指定矢量"选择"ZC↑"🔳，对"开始"选取"值"，把"角度"设为 0°，对"结束"选取"值"，把"角度"设为 360°，对"布尔"选取"🔳求和"，单击"指定点"按钮🔳，输入（0，0，0），参考图 2-83。

（28）单击"确定"按钮，创建旋转特征，如图 4-21 所示。

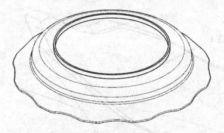

图 4-21   创建旋转特征

（29）单击"保存"按钮🔳，保存文档。

2. 轮

本节详细介绍旋转、拔模、拉伸、抽壳、切除、阵列、倒圆角、面倒圆等特征的创建方法，产品图如图 4-22 所示。

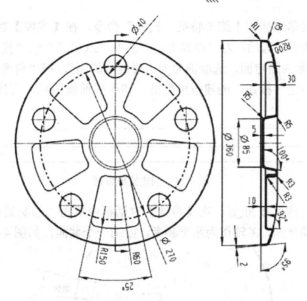

图 4-22　产品图

（1）启动 NX 10.0，单击"新建"按钮，在【新建】对话框中把"名称"设为"轮.prt"，"单位"选择"毫米"，选取"模型"模板，"文件夹"选取"D：\"。

（2）单击"确定"按钮，进入建模环境。

（3）选取"菜单 | 插入 | 设计特征 | 旋转"命令，在【旋转】对话框中单击"绘制截面"按钮，选取 *ZOX* 平面作为草绘平面，*X* 轴作为水平参考，绘制一个截面，如图 4-23 所示。

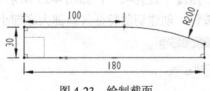

图 4-23　绘制截面

（4）单击"完成"按钮，在【旋转】对话框中对"指定矢量"选择"ZC↑"，对"开始"选取"值"，把"角度"设为 0°，对"结束"选取"值"，把"角度"设为 360°，对"布尔"选取"无"，单击"指定点"按钮，输入（0，0，0），如图 2-83 所示。

（5）单击"确定"按钮，创建旋转特征，如图 4-24 所示。

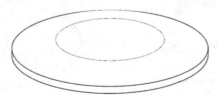

图 4-24　创建旋转特征

（6）选取"菜单｜插入｜细节特征｜拔模"命令，在【拔模】对话框中对"类型"选取"从平面或曲面"选项，对"脱模方向"选取"ZC↑""ZC↑"，"拔模方法"选取"固定面"，选取下表面为固定面，选取侧面为"要拔模的面"，把"角度"设为5°。

（7）单击"确定"按钮，创建拔模特征，切换成前视图后，实体的下部大上部小，如图4-25所示。

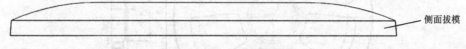

图4-25　创建拔模特征

（8）单击"拉伸"按钮▥，在【拉伸】对话框中单击"绘制截面"按钮▨，选取XOY平面作为草绘平面，X轴作为水平参考，绘制一个截面，如图4-26所示。

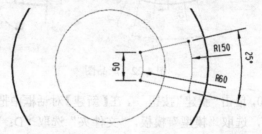

图4-26　绘制截面

（9）单击"完成"按钮▨，在【拉伸】对话框中对"指定矢量"选取"ZC↑""ZC↑"，把"开始距离"设为10mm，对"结束"选取"贯通"，"布尔"选取"▨求差"，"拔模"选取"从起始限制"，把"角度"设为–2°，如图4-27所示。

（10）单击"确定"按钮，创建切除特征（口部大底部小），如图4-28所示。

图4-27　设置【拉伸】对话框参数

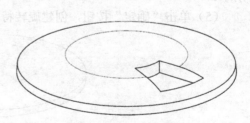

图4-28　创建切除特征

（11）单击"边倒圆"按钮，创建边倒圆特征（一），圆角半径为 R10mm。

（12）单击"边倒圆"按钮，创建边倒圆特征（二），圆角半径为 R3mm，如图 4-29 所示。

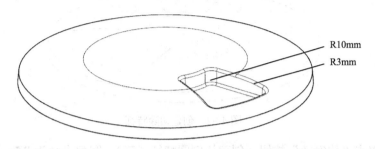

图 4-29　创建边倒圆特征（一）和（二）

（13）选取"菜单｜插入｜关联复制｜阵列特征"命令，在【阵列特征】对话框中对"布局"选取"⬡圆形"，"指定矢量"选取"ZC↑"，"指定点"选取（0，0，0），"间距"选取"数量和节距"，把"数量"设为 5，"节距角"设为 360°/5。

（14）按住 Ctrl 键，在"部件导航器"中选取 ☑🔲拉伸 (3)、☑🔷边倒圆 (4)、☑🔷边倒圆 (5)。

（15）单击"确定"按钮，创建阵列特征，如图 4-30 所示。

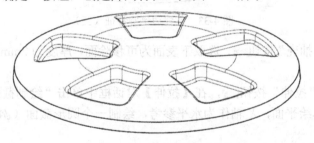

图 4-30　创建阵列特征

（16）单击"拉伸"按钮🔲，在【拉伸】对话框中单击"绘制截面"按钮，选取 XOY 平面作为草绘平面，X 轴作为水平参考，以原点为圆心，绘制一个圆形截面（φ85mm），如图 4-31 所示。

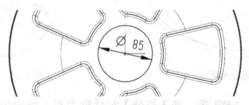

图 4-31　绘制圆形截面

（17）单击"完成"按钮，在【拉伸】对话框中对"指定矢量"选取"ZC↑"，把"开始距离"设为 5mm，对"结束"选取"贯通"，对"布尔"选取"求差"，"拔模"选取"从起始限制",把"角度"设为–10°。

（18）单击"确定"按钮，创建切除特征（口部大底部小），如图 4-32 所示。

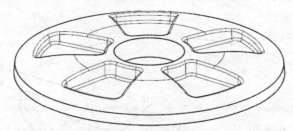

图 4-32　创建切除特征

（19）单击"边倒圆"按钮，创建边倒圆特征（三），圆角半径为 R5mm，如图 4-33 所示。

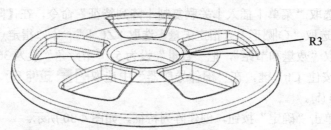

R3

图 4-33　创建边倒圆特征（三）

（20）单击"抽壳"按钮，选取下表面为可移除面，厚度为 2mm，抽壳后如图 4-34 所示。

（21）单击"拉伸"按钮，在【拉伸】对话框中单击"绘制截面"按钮，选取 XOY 平面作为草绘平面，X 轴作为水平参考，绘制一个圆形截面（φ40mm），如图 4-35 所示。

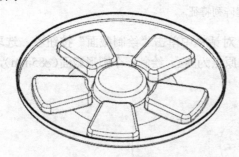

图 4-34　创建抽壳特征

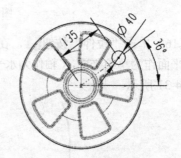

图 4-35　绘制圆形截面

（22）单击"完成"按钮，在【拉伸】对话框中对"指定矢量"选取"ZC↑"，把"开始距离"设为 0，对"结束"选取"贯通"，"布尔"选取"求差"，"拔模"选取"无"。

（23）单击"确定"按钮，创建切除特征，如图 4-36 所示。

（24）选取"菜单｜插入｜关联复制｜阵列特征"命令，在【阵列特征】对话框中对"布局"选取"⊙圆形"，对"指定矢量"选取"ZC↑" ，"指定点"选取（0，0，0），"间距"选取"数量和节距"，把"数量"设为5，"节距角"设为360°/5。

（25）按住 Ctrl 键，在"部件导航器"中选取☑ 拉伸 (11)。

（26）单击"确定"按钮，创建阵列特征，如图 4-37 所示。

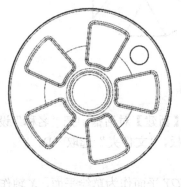 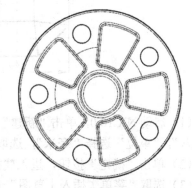

图 4-36　创建切除特征　　　　　　　图 4-37　创建阵列特征

（27）选取"菜单｜插入｜细节特征｜面倒圆"命令，在【面倒圆】对话框中选取"三个定义面链"选项，在工作区上方的工具条中选取"单个面"，如图 4-16 所示。

（28）选取零件的内部曲面为"面链 1"，选取零件的外面曲面为"面链 2"，口部的平面为"面链 3"。

（29）双击箭头，调整三个箭头的方向为互相指向另外两个曲面。

（30）单击"确定"按钮，创建面倒圆特征，如图 4-38 所示。

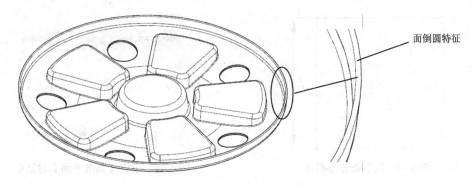

面倒圆特征

图 4-38　创建面倒圆特征

（31）单击"保存"按钮，保存文档。

3. 天四地八

本节详细介绍了两个截面中图素数量不相等（本例为天四地八）的情况下创建实体的方法，产品图如图 4-39 所示。

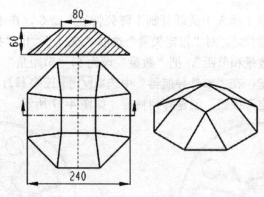

图 4-39　产品图

（1）启动 NX 10.0，单击"新建"按钮 ▢，在【新建】对话框中把"名称"设为"天四地八"，"单位"选择"毫米"，选取"模型"模板，"文件夹"选取"D：\"。

（2）单击"确定"按钮，进入建模环境。

（3）选取"菜单｜插入｜草图"命令，选取 *XOY* 平面作为草绘平面，*X* 轴作为水平参考，以原点为中心，绘制一个正方形截面(80mm×80mm)，如图 4-40 所示。

（4）单击"完成"按钮 ▨，创建截面（一）。

（5）选取"菜单｜插入｜基准/点｜基准平面"命令，在【基准平面】对话框中"类型"选取"按某一距离"，把"距离"设为 60mm，如图 4-41 所示。

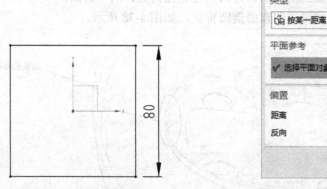

图 4-40　绘制正方形截面

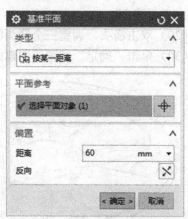

图 4-41　设置【基准平面】对话框

（6）选取 *XOY* 平面作为参考平面，单击"反向"按钮 ☒，使基准平面在 ZC 的负方向，如图 4-42 所示。

（7）选取"菜单｜插入｜草图"命令，选取上一步创建的平面作为草绘平面，*X* 轴作为水平参考，单击"确定"按钮，进入草绘模式。

（8）选取"菜单｜插入｜草图曲线｜多边形"命令，在【多边形】对话框中单击"中心点"按钮 ⊡，输入（0，0，0），把"边数"设为 8，对"大小"选取"内切圆半径"，把"半径"设为 120mm，单击 Enter 键，自动勾选☑ 🔒半径，"旋转"设为 0，单击 Enter 键，自动勾选☑ 🔒旋转，如图 4-43 所示。

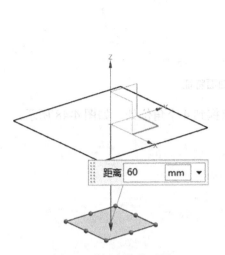

图 4-42　创建基准平面

(0, 0, 0)

图 4-43　设定【多边形】对话框参数

（9）创建一个正八边形截面，如图 4-44 所示。

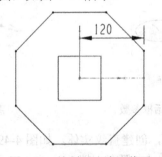

图 4-44　绘制正八边形截面

（10）选取"菜单丨插入丨网格曲面丨直纹"命令，在工作区上方的工具条中选取"相连曲线"，如图 4-45 所示。

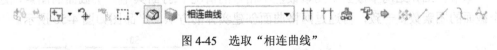

图 4-45　选取"相连曲线"

（11）选取正方形为截面曲线 1，正八边形为截面曲线 2（注意：两个箭头应一致），创建一个暂时曲面，该曲面的正方形截面上有 8 个控制点，八边形截面上也有 8 个控制点，如图 4-46 所示。

（12）在【直纹】对话框中勾选"☑保留形状"复选框，"对齐"选取"根据点"，"指定点"选取"╱端点"，如图 4-47 所示。

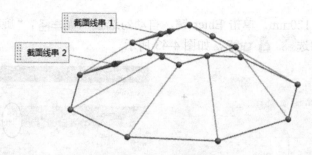

图 4-46 暂时曲面特征

（13）将正四边形边线中点位置处的控制点拖到 4 个角位处，如图 4-48 所示。

图 4-47 设定【直纹】对话框参数

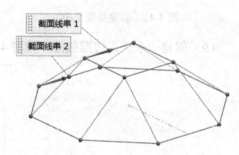

图 4-48 控制点的对应图

（14）单击"确定"按钮，创建直纹实体，如图 4-49 所示。

（15）单击"保存"按钮，保存文档。

4. 天圆地方

本节详细介绍两个截面中图素数量不相等的情况下，打断其中一个截面的图素，使两个截面的图素数量一致，再通过网格曲面创建实体的方法，产品图如图 4-50 所示。

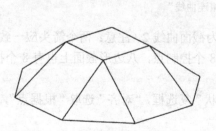

图 4-49 创建直纹实体

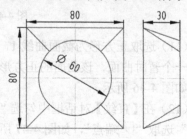

图 4-50 产品图

（1）启动 NX 10.0，单击"新建"按钮 ，在【新建】对话框中把"名称"设为"天圆地方"，"单位"选择"毫米"，选取"模型"模板，"文件夹"选取"D：\"。

（2）单击"确定"按钮，进入建模环境。

（3）选取"菜单｜插入｜草图"命令，选取 *XOY* 平面作为草绘平面，*X* 轴作为水平参考，以原点为中心，绘制一个正方形截面(80mm×80mm)，参考图 4-40。

（4）单击"完成"按钮 ，创建截面（一）。

（5）选取"菜单｜插入｜基准/点｜基准平面"命令，在【基准平面】对话框中对"类型"选取"按某一距离"，把"距离"设为 30mm，参考图 4-41。

（6）选取 *XOY* 平面，单击"反向"按钮 ，使基准平面在 ZC 的正方向，如图 4-51 所示。

（7）选取"菜单｜插入｜草图"命令，选取刚才创建的基准平面作为草绘平面，*X* 轴作为水平参考，以原点为中心，绘制一个圆形截面(*φ*60mm)，如图 4-52 所示。

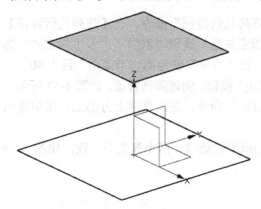

图 4-51 创建基准平面

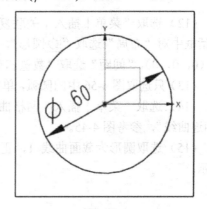

图 4-52 绘制圆形截面

（8）选取"菜单｜插入｜草图曲线｜直线"命令，经过矩形的顶点，绘制两条直线，如图 4-53 所示。

（9）选中两条直线，单击鼠标右键，在下拉菜单中选取"转化为参考"命令，将两条直线转化为参考线，如图 4-54 所示。

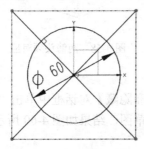

图 4-53 绘制两条直线

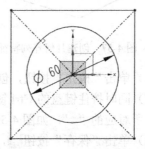

图 4-54 转化为参考线

（10）选取"菜单｜编辑｜草图曲线｜快速修剪"命令，对圆形截面修剪，如图4-55所示。

（11）单击"完成"按钮🔀，创建截面（二），如图4-56所示。

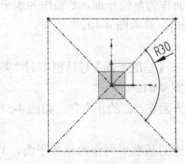

图4-55 修剪圆形截面

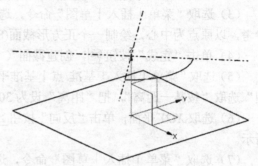

图4-56 创建截面（二）

（12）选取"菜单｜插入｜关联复制｜阵列几何特征"命令，在【阵列几何特征】对话框中对"布局"选取"⬡圆形"，对"指定矢量"选取"ZC↑"ᶻᶜ↑，"指定点"选取（0, 0, 0），"间距"选取"数量和节距"，把"数量"设为4，"节距角"设为90°。

（13）只选取图4-56中的圆弧，单击"确定"按钮，创建阵列特征，如图4-57所示。

（14）选取"菜单｜插入｜网格曲面｜直纹"命令，在工作区上方的工具条中选取"相连曲线"，参考图4-45。

（15）选取圆形为截面曲线1，正方形为截面曲线2，两个箭头应一致，如图4-58所示。

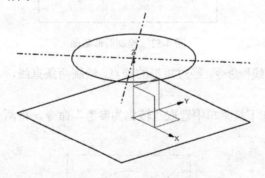

图4-57 创建几何阵列特征

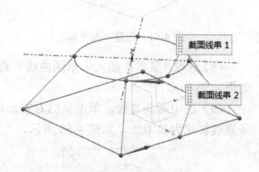

图4-58 两箭头须对应

（16）单击"确定"按钮，创建直纹实体。

（17）同时按住键盘的Ctrl键和D键，在【显示和隐藏】对话框中单击"草图"和"曲线"所对应的"－"，如图4-59所示，隐藏曲线和草图，结果如图4-60所示。

（18）单击"保存"按钮🖫，保存文档。

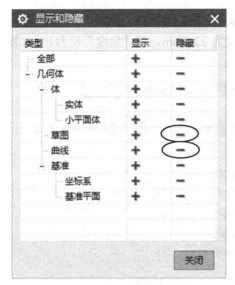

图 4-59 【显示和隐藏】对话框

图 4-60 隐藏曲线与草绘

5. 圆柱 – 椭圆柱

本节通过用网格曲面连接圆柱和圆柱的方法，详细介绍了网格曲面的创建方法，产品图如图 4-61 所示。

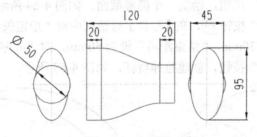

图 4-61 产品图

（1）启动 NX 10.0，单击"新建"按钮，在【新建】对话框中把"名称"设为"圆柱-椭圆柱"，"单位"选择"毫米"，选取"模型"模板，"文件夹"选取"D：\"。

（2）单击"确定"按钮，进入建模环境。

（3）选取"菜单｜插入｜设计特征｜圆柱体"命令，在【圆柱】对话框中对"类型"选择"轴、直径和高度"选项，"指定矢量"选取"XC↑"选项，把"直径"设为 50mm，"高度"设为 20mm，对"布尔"选取"无"，单击"指定点"按钮，在【点】对话框中"参考"选取"WCS"，输入（50，0，0）。

（4）单击"确定"按钮，创建一个圆柱特征，如图 4-62 所示。

（5）单击"拉伸"按钮，在【拉伸】对话框中单击"绘制截面"按钮，选取 *ZOY* 平面作为草绘平面，*Y* 轴作为水平参考，单击"确定"按钮，进入草绘环境。

（6）选取"菜单｜插入｜曲线｜椭圆"命令，在【椭圆】对话框中"中心"设为（0，0，0），"大半径"设为 47.5mm，"小半径"设为 22.5mm，把"角度"设为 0，如图 4-63 所示。

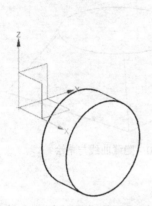

(0, 0, 0)

图 4-62　创建圆柱体　　　　　　　　图 4-63　设置【椭圆】对话框参数

（7）单击"确定"按钮，绘制一个椭圆截面，如图 4-64 所示。

（8）单击"完成"按钮，在【拉伸】对话框中对"指定矢量"选择"-XC↓"，把"开始距离"设为 30mm，"结束距离"设为 50mm，对"布尔"选取"无"。

（9）单击"确定"按钮，创建拉伸特征，如图 4-65 所示。

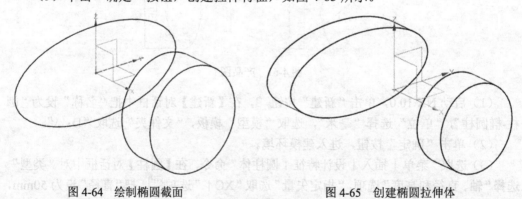

图 4-64　绘制椭圆截面　　　　　　　　图 4-65　创建椭圆拉伸体

（10）选取"菜单｜插入｜网格曲面｜通过曲线组"命令，先选取圆柱的边线，再在【通过曲线组】对话框中单击"添加新集"按钮，再选取椭圆柱的边线，两个箭头方向一致，如图 4-66 所示。

（11）单击"确定"按钮，创建网格曲面，但该曲面是歪的，如图 4-67 所示。

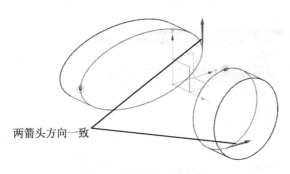

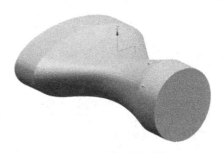

图 4-66 两箭头方向一致　　　　　图 4-67 曲面是歪的

（12）在"部件导航器"中双击 ☑⊞ 通过曲线组 (3)，在【通过曲线组】对话框中"对齐"选取"根据点"，如图 4-68 所示。

（13）选中 A 点，将 A 点的位置比率改为 100%，B 为 25%，C 为 50%，D 为 25%，E 为 50%，F 为 75%，如图 4-69 所示。

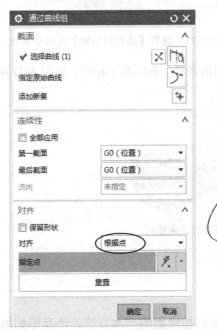

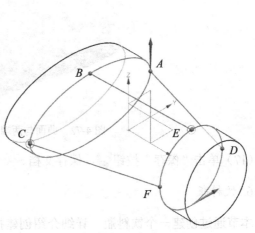

图 4-68 "对齐"选取"根据点"　　　图 4-69 修改控制点的位置比率

（14）单击"确定"按钮，网格曲面被摆正，此时网格曲面与两端的圆柱（椭圆柱）几何相连，但不相切，如图 4-70 所示。

（15）在"部件导航器"中双击 ☑⊞ 通过曲线组 (3)，在【通过曲线组】对话框中"第一截面"选取"G1（相切）"，选中圆柱面，"最后截面"选取"G1（相切）"，选中椭圆柱面，如图 4-71 所示。

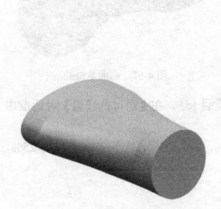

图 4-70　网格曲面被摆正

图 4-71　设置【通过曲线组】对话框参数

（16）单击"确定"按钮，网格曲面与两端的圆柱（椭圆柱）相切，如图 4-72 所示。

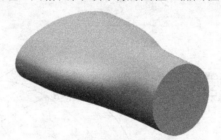

图 4-72　曲面与两端的曲面相切

（17）单击"保存"按钮 ，保存文档。

6. 饮料瓶

本节通过创建一个饮料瓶，详细介绍创建扫掠曲面的基本方法，产品图如图 4-73 所示。

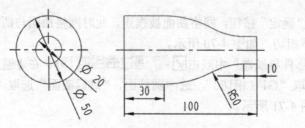

图 4-73　产品图

（1）启动 NX 10.0，单击"新建"按钮 ▢，在【新建】对话框中把"名称"设为"饮料瓶"，"单位"选择"毫米"，选取"模型"模板，"文件夹"选取"D：\"。

（2）单击"确定"按钮，进入建模环境。

（3）选取"菜单｜插入｜草图"命令，选取 *XOY* 平面作为草绘平面，*X* 轴作为水平参考，以原点为中心，绘制圆形截面（ø50mm），如图 4-74 所示。

（4）单击"完成"按钮 ▨，创建截面（一）。

（5）选取"菜单｜插入｜基准/点｜基准平面"命令，在【基准平面】对话框中"类型"选取"按某一距离"，"距离"设为 100mm。

（6）选取 *XOY* 平面，单击"反向"按钮 ☒，使基准平面在 ZC 的正方向，如图 4-75 所示。

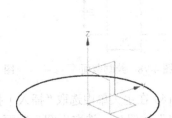

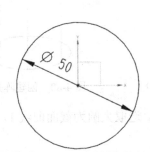

图 4-74　绘制圆形截面（一）　　　　　图 4-75　创建基准平面

（7）选取"菜单｜插入｜草图"命令，选取刚才创建的基准平面作为草绘平面，*X* 轴作为水平参考，以原点为中心，绘制圆形截面(ø20mm)，如图 4-76 所示。

（8）单击"完成"按钮 ▨，创建圆形截面（二）。

（9）选取"菜单｜插入｜草图"命令，选取 *ZOX* 平面作为草绘平面，*X* 轴作为水平参考，以两个圆弧的圆心绘制一条直线，如图 4-77 所示。

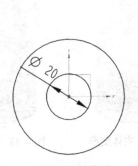

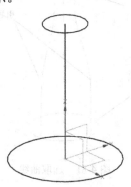

图 4-76　绘制圆形截面（二）　　　　　图 4-77　绘制直线

（10）选取"菜单｜插入｜草图"命令，选取 ZOX 平面作为草绘平面，X 轴作为水平参考，绘制一个截面，如图 4-78 所示。

（11）单击"确定"按钮，创建截面（三），如图 4-79 所示。

（12）选取"菜单｜插入｜关联复制｜阵列几何特征"命令，在【阵列几何特征】对话框中"布局"选取"⊙圆形"，对"指定矢量"选取"ZC↑"，"指定点"选取（0，0，0），"间距"选取"数量和跨距"，把"数量"设为 4，"跨角"设为–90°。

（13）选取上一步创建的截面，单击"确定"按钮，创建阵列特征，如图 4-80 所示。

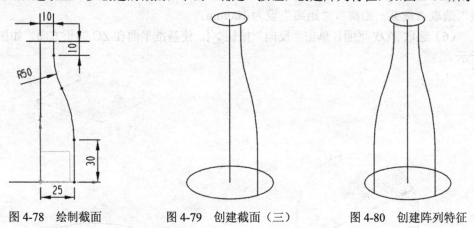

图 4-78　绘制截面　　　　图 4-79　创建截面（三）　　　　图 4-80　创建阵列特征

（14）在主菜单中选取"插入｜扫掠｜扫掠"命令，选取大圆为截面曲线 1，单击"添加新集"按钮，选取小圆为截面曲线 2。

（15）在【扫掠】对话框中单击"曲线"按钮，选取引导曲线 1 和引导曲线 2，如图 4-81 所示。

（16）单击"确定"按钮，生成一个扫掠实体，但这个实体已变形，如图 4-82 所示。

（17）在【扫掠】对话框中单击添加脊线按钮，选取两圆之间的直线为脊线。此时，创建的扫掠实体没有变形，如图 4-83 所示。

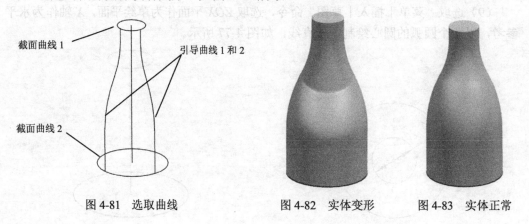

图 4-81　选取曲线　　　　图 4-82　实体变形　　　　图 4-83　实体正常

7. 示波器外壳

通过创建示波器外壳，介绍创建扫掠曲面的基本方法，产品图如图 4-84 所示。

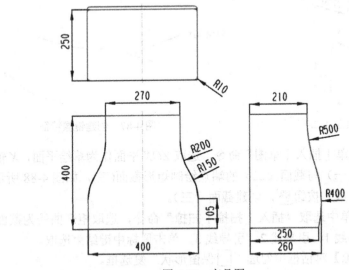

图 4-84　产品图

（1）启动 NX 10.0，单击"新建"按钮 ，在【新建】对话框中把"名称"设为"显示器"，"单位"选择"毫米"，选取"模型"模板，"文件夹"选取"D：\"。

（2）单击"确定"按钮，进入建模环境。

（3）选取"菜单｜插入｜草图"命令，选取 ZOY 平面作为草绘平面，Y 轴作为水平参考，绘制截面(一)，如图 4-85 所示。

（4）单击"完成"按钮 ，创建截面（一）。

图 4-85　绘制截面（一）

（5）选取"菜单｜插入｜草图"命令，选取 XOY 平面作为草绘平面，X 轴作为水平参考，绘制截面(二)，如图 4-86 所示。

（6）单击"完成"按钮 ，创建截面（二）。

（7）选取"菜单｜插入｜关联复制｜镜像几何体"命令，选取截面（二）为"要镜像的特征"，选取 ZOY 平面为镜像平面，创建镜像特征，如图 4-87 所示。

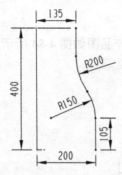

图 4-86　绘制截面（二）

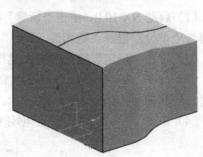

图 4-87　创建镜像特征

（8）选取"菜单｜插入｜草图"命令，选取 *ZOX* 平面作为草绘平面，*X* 轴作为水平参考，经过截面（一）与截面（二）的端点绘制矩形截面(三)，如图 4-88 所示。

（9）单击"完成"按钮，创建截面（三）。

（10）在主菜单中选取"插入｜扫掠｜扫掠"命令，选取矩形曲线为截面曲线。其他三条曲线为引导线 1、引导线 2、引导线 3，单击鼠标中键结束选取。

（11）在【扫掠】对话框中勾选"☑保留形状"复选框。

（12）单击"确定"按钮，创建一个扫掠实体，如图 4-89 所示。

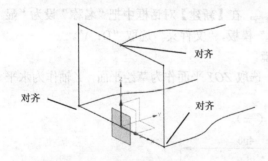

图 4-88　绘制截面（三）

图 4-89　创建扫掠实体

（13）单击"边倒圆"按钮，创建 R10mm 的圆角，如图 4-90 所示，若在【扫掠】对话框中没有勾选"☑保留形状"复选框，则不能倒圆角。

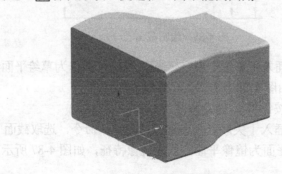

图 4-90　创建倒圆角

8. 牛角

通过创建一个弯勾，介绍创建扫掠曲面的基本方法，产品图如图 4-91 所示。

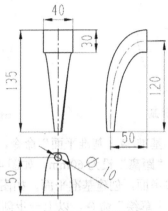

图 4-91　产品图

（1）启动 NX 10.0，单击"新建"按钮，在【新建】对话框中把"名称"设为"牛角"，"单位"选择"毫米"，选取"模型"模板，"文件夹"选取"D：\"。

（2）单击"确定"按钮，进入建模环境。

（3）选取"菜单 | 插入 | 草图"命令，选取 ZOX 平面作为草绘平面，X 轴作为水平参考，绘制两条直线，如图 4-92 所示。

（4）选中该直线，单击鼠标右键，选"转换为参考"命令，直线转化为参数线。如图 4-93 所示。

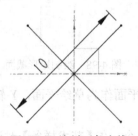

图 4-92　绘制两条直线

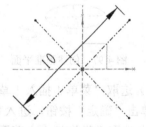

图 4-93　转化为参考线

（5）选取"菜单 | 插入 | 草图曲线 | 圆弧"命令，在【圆弧】对话框中单击"中心和端点定圆弧"命令，如图 4-94 所示。

（6）以原点为圆心，参考线的端点为顶点，绘制一条圆弧，如图 4-95 所示。

（7）采用相同的方法，绘制另外三条圆弧，如图 4-96 所示。

（8）单击"完成"按钮，创建截面（一）。

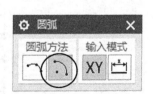

图 4-94　单击"中心和端点定圆弧"命令

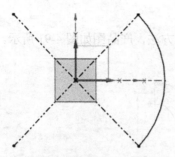

图 4-95　绘制第一条圆弧

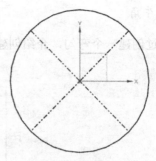

图 4-96　创建截面（一）

（9）选取"菜单｜插入｜基准/点｜基准平面"命令，在【基准平面】对话框中"类型"选取"按某一距离"，把"距离"设为60mm，如图4-41所示。

（10）选取 XOY 平面为参考面，创建基准平面，如图4-97所示。

（11）选取"菜单｜插入｜草绘"命令，以上一步创建的基准平面作为草绘平面，创建一个截面，如图4-98所示。

（12）单击"完成"按钮，创建截面（二）。

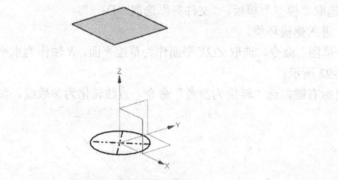

图 4-97　创建基准平面

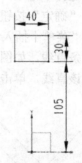

图 4-98　绘制矩形截面

（13）选取"菜单｜插入｜草绘"命令，以 ZOY 平面作为草绘平面，Y 轴作为水平参考，单击"确定"按钮，进入草绘环境。

（14）选取"菜单|插入｜草图曲线｜艺术样条"命令，在【艺术样条】对话框中"类型"选取"通过点"选项，创建的艺术样条曲线如图4-99所示。

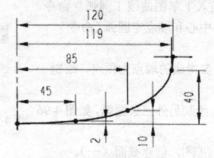

图 4-99　创建艺术样条曲线

（15）双击"艺术样条"，选中端点，单击鼠标右键，选择"指定约束"，如图 4-100 所示。

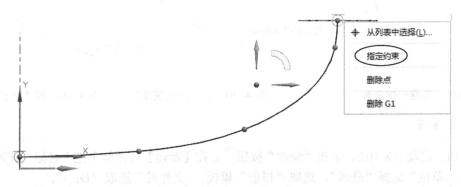

图 4-100　选取"指定约束"

（16）在端点处显示曲率的箭头，拖动箭头的手柄，调整端点的曲率，如图 4-101 所示。

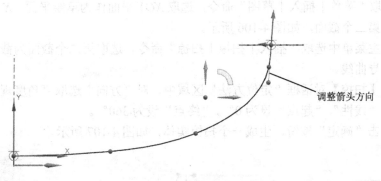

图 4-101　调整箭头方向

（17）采用相同的方法，调整另一个端点的曲线。

（18）单击"完成"按钮 ，创建两个截面之间的连线。

（19）在主菜单中选取"插入｜扫掠｜扫掠"命令，选取圆形为截面曲线 1，矩形为截面曲线 2，选取两个截面之间的连线为引导曲线。

（20）在【扫掠】对话框中将"缩放"设为"恒定"，其他选项设为默认值。

（21）单击"确定"按钮，生成一个扫掠实体，如图 4-102 所示。

（22）在【扫掠】对话框中将"缩放"设为"面积规律"，"规律类型"选"线性"，起点面积设为 $300mm^2$，终点面积设为 $30mm^2$，则所生成的实体如图 4-103 所示。

（23）在【扫掠】对话框中将"缩放"设为"周长规律"，对"规律类型"选取"线性"，把"起点周长"设为 0，"终点周长"设为 50mm，所生成的实体如图 4-104 所示。

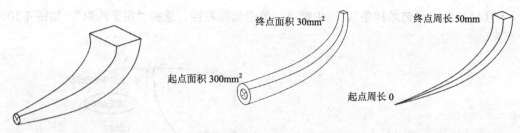

图 4-102　创建扫掠曲面　　　　图 4-103　按"面积规律"　　　图 4-104　按"周长规律"

9. 麻花

（1）启动 NX 10.0，单击"新建"按钮，在【新建】对话框中把"名称"设为"麻花"，"单位"选择"毫米"，选取"模型"模板，"文件夹"选取"D：\"。

（2）单击"确定"按钮，进入建模环境。

（3）选取"菜单｜插入｜草图"命令，选取 *ZOX* 平面作为草绘平面，*X* 轴作为水平参考，绘制第一个截面（一条直线），如图 4-105 所示。

（4）选取"菜单｜插入｜草图"命令，选取 *XOY* 平面作为草绘平面，*X* 轴作为水平参考，绘制第二个截面，如图 4-106 所示。

（5）在主菜单中选取"插入｜扫掠｜扫掠"命令，选取第二个截面为截面曲线，选取直线为引导曲线。

（6）在【扫掠】对话框"定位方法"区域中，对"方向"选取"角度规律"，"规律类型"选取"线性"，"起点"设为 0°，"终点"设为 360°。

（7）单击"确定"按钮，生成一个扫掠实体，如图 4-107 所示。

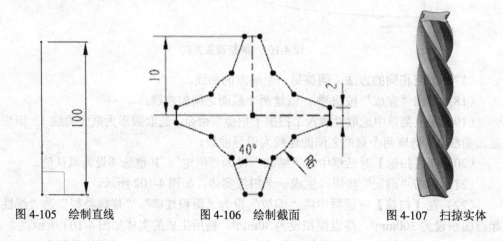

图 4-105　绘制直线　　　　图 4-106　绘制截面　　　　图 4-107　扫掠实体

第5章 从上往下式零件设计

本章通过创建纸巾盒的造型，详细讲述了先创建整体造型，再运用 WAVE 模式创建装配组件的方法，产品图如图 5-1 所示。

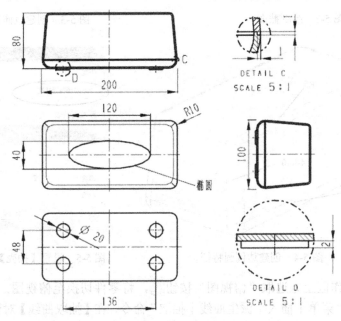

图 5-1 产品图

（1）启动 NX 10.0，单击"新建"按钮 ，在【新建】对话框中把"名称"设为"纸巾盒"，"单位"选"毫米"，选取"模型"模板，单击"确定"，进入建模环境。

（2）单击"拉伸"按钮 ，在【拉伸】对话框中单击"绘制截面"按钮 ，选取 *XOY* 平面作为草绘平面，*X* 轴作为水平参考，以原点为中心绘制一个矩形截面（200mm×100mm），如图 5-2 所示。

（3）单击"完成"按钮 ，在【拉伸】对话框中"指定矢量"选"ZC↑" ，把"开始距离"设为 0，"结束距离"设为 80mm，对"布尔"选取" 无"，"拔模"选取"从起始限制"，把"角度"设为 5°。

（4）单击"确定"按钮，创建拉伸特征，如图 5-3 所示。

（5）单击"边倒圆"按钮 ，创建边倒圆特征，如图 5-4 所示。

（6）单击"抽壳"按钮 ，在【抽壳】对话框中"类型"选取"对所有面抽壳"，把"厚度"设为 2mm，如图 5-5 所示。

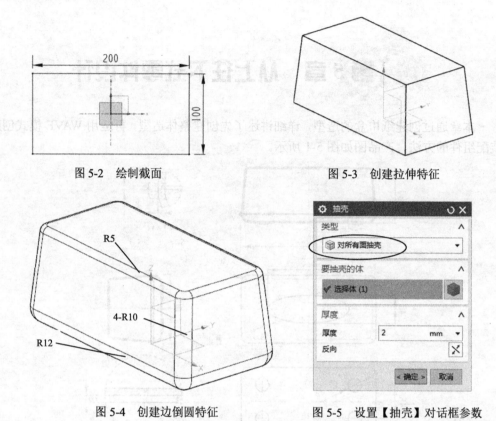

图 5-2　绘制截面　　　　　　　　　　图 5-3　创建拉伸特征

图 5-4　创建边倒圆特征　　　　　　　图 5-5　设置【抽壳】对话框参数

（7）在工作区上方选取"俯视图"按钮 ▊，将零件切换至俯视图，如图 5-6 所示。

（8）选取"菜单｜插入｜派生曲线｜抽取"命令，在【抽取曲线】对话框中单击"轮廓曲线"按钮，如图 5-7 所示。

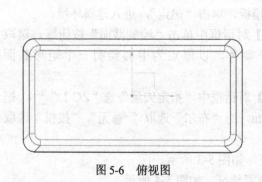

图 5-6　俯视图

图 5-7　单击"轮廓曲线"按钮

（9）选中实体后，系统沿实体的最大轮廓创建一条曲线，如图 5-8 所示。

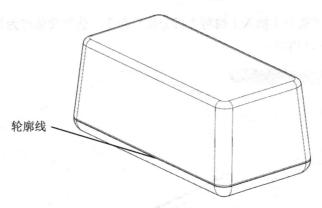

轮廓线

图 5-8　创建轮廓线

（10）单击"拉伸"按钮，在【拉伸】对话框中单击"绘制截面"按钮，选取 *ZOX* 平面作为草绘平面，*X* 轴作为水平参考，绘制一条直线，直线与轮廓线对齐，如图 5-9 所示。

（11）单击"几何约束"按钮，在【几何约束】对话框中选取"共线"按钮，选取直线作为"要约束的对象"，选取轮廓曲线作为"要约束到的对象"。此时，竖直方向的标注变红，直接删除后，即可使直线与轮廓曲线共线，如图 5-10 所示。

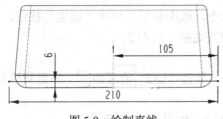

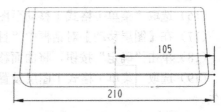

图 5-9　绘制直线　　　　　　　　　　图 5-10　直线与轮廓曲线共线

（12）单击"完成草图"按钮，在【拉伸】对话框中，对"指定矢量"选取"YC ↑"，对"结束"选取"对称值"，把"距离"设为 50mm，如图 5-11 所示。

（13）单击"确定"按钮，创建拉伸曲面，如图 5-12 所示。

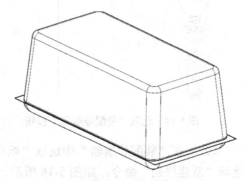

图 5-11　设置【拉伸】对话框参数　　　　　图 5-12　创建拉伸曲面

（14）选取"菜单｜插入｜修剪｜拆分体"命令，选取实体作为目标体，曲面作为工具体，如图5-13所示。

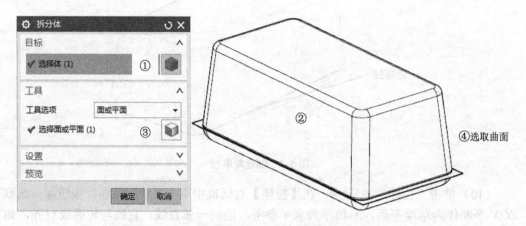

图5-13 设定拆分体参数

（15）单击"确定"按钮，将实体分成上、下两部分。

提示： 如果没有拆分成功，是因为拉伸曲面的范围小于实体，应将拉伸曲面的范围做大一些。

（16）选取"菜单｜格式｜移动至图层"命令，选中曲面，单击"确定"按钮。

（17）在【图层移动】对话框中"目标图层或类别"设为2。

（18）单击"确定"按钮，将曲面移至第2层。

（19）选取"菜单｜格式｜图层设置"命令，取消"□2"前面的☑，曲面从屏幕上消失。

（20）在屏幕左边选取"装配导航器"按钮，如图5-14所示。

（21）在空白处单击鼠标右键，选中"WAVE"模式，如图5-15所示。

图5-14 选取"装配导航器"按钮

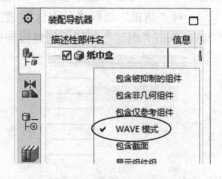

图5-15 选中"WAVE"模式

（22）在"装配导航器"中选取"纸巾盒"，单击鼠标右键，选择"WAVE"选项，选取"新建级别"命令，如图5-16所示。

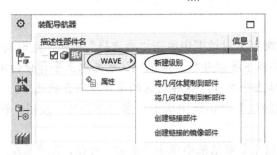

图 5-16　选 "WAVE"，选 "新建级别"

（23）在【新建级别】对话框中单击 "类选择" 按钮，如图 5-17 所示，选取实体的
上半部分，如图 5-18 所示。

图 5-17　单击 "指定部件名" 按钮

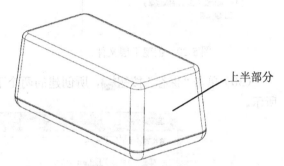

上半部分

图 5-18　选取实体上半部分

（24）在【新建级别】对话框中单击 "指定部件名" 按钮，在【选择部件名】对话
框中输入 "上盖"，如图 5-19 所示。

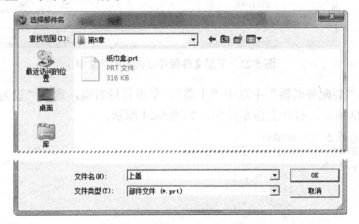

图 5-19　"文件名" 设为 "上盖"

（25）在【新建级别】对话框中单击 "确定" 按钮，在 "装配导航器" 中 "纸巾盒"
出现一个下层文件 "上盖"，如图 5-20 所示。

（26）在 "装配导航器" 中选取 "纸巾盒"，单击鼠标右键，选取 "WAVE"，再选取

"新建级别"命令。

（27）在【新建级别】对话框中单击"类选择"按钮，选取实体的下半部分。

提示：在选取实体下半部分前，系统默认已选取上半部分的实体，此时应按住键盘Shift键，再选取实体上半部分，这样默认的实体就不会被选中。

（28）在【新建级别】对话框中单击"指定部件名"按钮，在【选择部件名】对话框中输入"下盖"。

（29）在【新建级别】对话框中单击"确定"按钮，在"装配导航器"中"纸巾盒"出现另一个下层文件"下盖"，如图5-21所示。

图5-20　创建下层文件　　　　　　　　图5-21　创建第二个下层文件

（30）单击"保存"按钮 ，所创建的两个下层文件保存在指定的目录中，如图5-22所示。

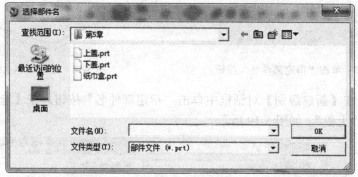

图5-22　下层文件保存在指定的目录中

（31）在"装配导航器"中选中"上盖"，单击鼠标右键，选取"设为显示部件"命令，如图5-23所示，打开上盖零件图，如图5-24所示。

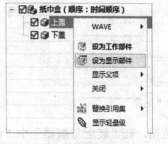
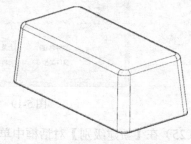

图5-23　选取"设为显示部件"命令　　　　图5-24　打开上盖图

（32）选取"菜单｜插入｜基准/点｜基准CSYS"命令，在【基准CSYS】对话框中对"类型"选取"动态","参考"选取"WCS",如图 5-25 所示。

（33）单击"确定"按钮，创建基准坐标系。

（34）单击"拉伸"按钮█，在【拉伸】对话框中单击"绘制截面"按钮█，选取
XOY 平面作为草绘平面，*X* 轴作为水平参考，单击"确定"按钮，进入草绘环境。

（35）选取"菜单|插入|曲线|椭圆"命令，在【椭圆】对话框中设定原点为椭
圆中心，把"大半径"设为 60mm，"小半径"设为 20mm，"旋转角"设为 0，如图 5-26
所示。

图 5-25　设定【基准 CSYS】对话框参数

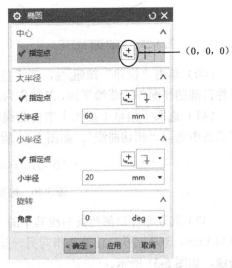

图 5-26　设定【椭圆】对话框参数

（36）单击"确定"按钮，创建椭圆截面，如图 5-27 所示。

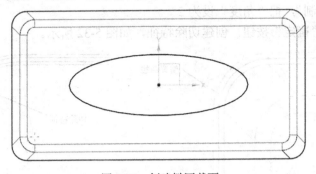

图 5-27　创建椭圆截面

（37）单击"完成"按钮█，在【拉伸】对话框中对"指定矢量"选择"ZC↑"█，
把"开始距离"设为 0，对"结束"选取"█贯通"，对"布尔"选取"█求差"，"拔
模"选取"无"。

（38）单击"确定"按钮，创建切除特征，如图 5-28 所示。

（39）单击"边倒圆"按钮█，创建边倒圆特征（R5mm），如图 5-29 所示。

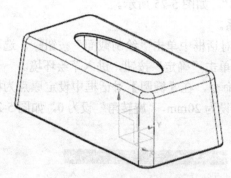

图 5-28　创建切除特征

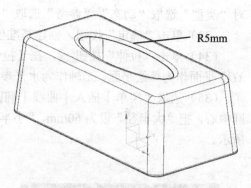

图 5-29　创建边倒圆特征

（40）单击"拉伸"按钮，在【拉伸】对话框中单击"绘制截面"按钮，选取零件口部的平面作为草绘平面，X 轴作为水平参考，单击"确定"按钮，进入草绘环境。

（41）选取"菜单｜插入｜来自曲线集的曲线｜偏置曲线"命令，在工作区上方的工具条中选取"相切曲线"，如图 5-30 所示。

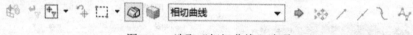

图 5-30　选取"相切曲线"选项

（42）选取零件口部两条曲线其中的一条边线，在【偏置曲线】对话框中把"距离"设为 1mm，双击箭头，使箭头指向另一条边线，在口部的两条边线的中间位置创建偏置曲线，如图 5-31 所示。

（43）单击"完成"按钮，在【拉伸】对话框中对"指定矢量"选取"ZC↑"，把"开始距离"设为 0，"结束距离"设为 1mm，对"布尔"选取"求差"，"拔模"选取"从起始限制"，把"角度"设为 2°。

（44）单击"确定"按钮，创建切除特征，如图 5-32 所示。

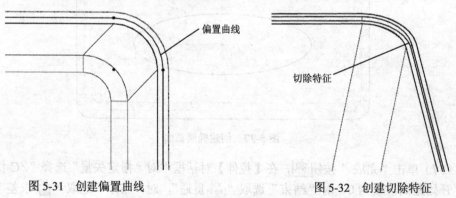

偏置曲线

切除特征

图 5-31　创建偏置曲线　　　　　　　　图 5-32　创建切除特征

（45）单击"保存"按钮，保存上盖零件。

（46）在屏幕上方的工具条中选取"窗口"选项，再选取"纸巾盒.prt"，如图 5-33 所示。

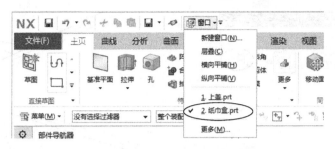

图 5-33 选取"纸巾盒.prt"

（47）打开"纸巾盒.prt"零件图。

（48）在"装配导航器"中选中 - ☑ 纸巾盒（顺序：时间顺序），单击鼠标右键，选取"设为工作部件"命令，如图 5-34 所示，激活"纸巾盒.prt"零件图。

（49）在"装配导航器"中选中 ☑ ⬚ 下盖，单击鼠标右键，选取"设为显示部件"命令，如图 5-35 所示，打开"下盖"零件图。

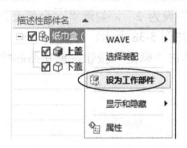

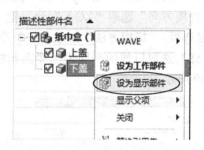

图 5-34 选取"设为工作部件"命令   图 5-35 选取"设为显示部件"命令

（50）选取"菜单｜插入｜基准/点｜基准 CSYS"命令，在【基准 CSYS】对话框中"类型"选取"动态"，"参考"选取"WCS"，如图 5-25 所示。

（51）单击"确定"按钮，创建基准坐标系。

（52）选取"菜单｜插入｜设计特征｜凸起"命令，在【凸起】对话框中单击"绘制截面"按钮，选取零件口部的平面作为草绘平面，X 轴作为水平参考，单击"确定"按钮，进入草绘环境。

（53）选取"菜单｜插入｜来自曲线集的曲线｜偏置曲线"命令，在工作区上方的工具条中选取"相切曲线"，如图 5-30 所示。

（54）选取零件口部两条曲线其中的一条边线，在【偏置曲线】对话框中"距离"设为 1mm，双击箭头，使箭头指向另一条边线，在口部的两条边线的中间位置创建偏置曲线。

（55）单击"完成"按钮，在【凸起】对话框中单击"曲线"按钮，如图 5-36 所示。

（56）选取零件口部两条曲线其中里面的边线和刚才创建的偏置曲线，如图 5-37 所示。

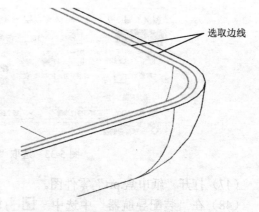

选取边线

图 5-36　单击"曲线"按钮 　　　　　图 5-37　选取里面的边线和偏置曲线

（57）在【凸起】对话框中对"凸起方向"选取"ZC↑" ，"几何体"选取"凸起的面"，"位置"选取"偏置"，把"距离"设为 1mm，对"拔模"选取"从凸起的面"，"指定脱模方向"选取"ZC↑" ，把"拔模角"设为 2°，勾选" 全部设为相同的值"复选框，"拔模方法"选取"等斜度拔模"，如图 5-38 所示。

（58）选取口部的平面为"要凸起的面"，单击"确定"按钮，创建凸起特征，如图 5-39 所示。

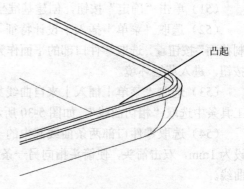

凸起

图 5-38　设置【凸起】对话框参数　　　　　图 5-39　创建凸起特征

（59）选取"菜单｜插入｜设计特征｜凸起"命令，在【凸起】对话框中单击"绘制截面"按钮 ，选取零件底面的平面作为草绘平面，X 轴作为水平参考，绘制 1 个圆形截面，如图 5-40 所示。

（60）单击"完成"按钮，在【凸起】对话框中对"凸起方向"选取"ZC↑"，"几何体"选取"凸起的面"，"位置"选取"偏置"，把"距离"设为 2mm，对"拔模选项"选取"无"。

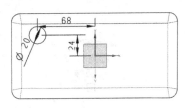

图 5-40　绘制 1 个圆形截面

（61）选取底面为"要凸起的面"，单击"确定"按钮，创建凸起特征，如图 5-41 所示。

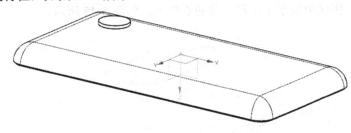

图 5-41　创建凸起特征

（62）选取"菜单｜插入｜关联复制｜阵列特征"命令，在【阵列特征】对话框中对"布局"选取"线性"，在"方向 1"中，对"指定矢量"选取"XC↑"，"间距"选取"数量和节距"，把"数量"设为 2，"节距"设为 136mm，勾选"使用方向 2"复选框，在"方向 2"中，对"指定矢量"选取"YC↑"，"间距"选取"数量和节距"，把"数量"设为 2，"节距"设为 48mm，。

（63）单击"确定"按钮，创建阵列特征，如图 5-42 所示。

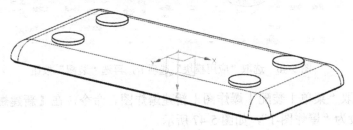

图 5-42　创建阵列特征

（64）单击"保存"按钮，保存下盖零件。

（65）在屏幕上方的工具条中选取"窗口"选项，再选取"纸巾盒.prt"，打开"纸巾盒.prt"零件图。

（66）在"装配导航器"中选中-纸巾盒（顺序：时间顺序），单击鼠标右键，选取"设为工作部件"命令，激活"纸巾盒.prt"零件图。

（67）在"装配导航器"中单击纸巾盒（顺序：时间顺序）前面的"√"，使纸巾盒（顺序：时间顺序）呈灰色，如图 5-43 所示。隐藏工作区中的图形。

（68）在"装配导航器"中勾选上盖和下盖，使上盖和下盖呈黄色，纸巾盒（顺序：时间顺序）呈灰色，如图 5-44 所示。

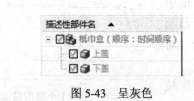

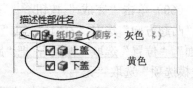

图 5-43　呈灰色　　　　　　　　　　　图 5-44　"上盖"与"下盖"呈黄色

（69）在工作区中显示上盖和下盖的零件图，如图 5-45 所示。

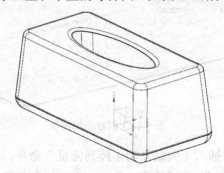

图 5-45　显示上盖和下盖的零件图

（70）在横向菜单中选取"应用模块"选项卡，再选"装配"按钮，如图 5-46 所示。

图 5-46　选取"应用模块"选项卡，再选"装配"按钮

（71）选取"菜单 | 装配 | 爆炸图 | 新建爆炸图"命令，在【新建爆炸图】对话框中"名称"设为"爆炸图-1"，如图 5-47 所示。

图 5-47　"名称"设为"爆炸图-1"

（72）选取"菜单 | 装配 | 爆炸图 | 编辑爆炸图"命令，在【编辑爆炸图】对话框中选取"◉选择对象"，如图 5-48 所示。

（73）选取上盖零件，如图 5-49 所示。

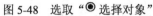

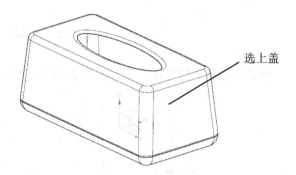

选上盖

图 5-48　选取 "◉ 选择对象"　　　　　　　图 5-49　选取上盖零件

（74）在【编辑爆炸图】对话框中选取 "◉ 移动对象"，如图 5-50 所示。

（75）在工作区中拖动 Z 方向的箭头，如图 5-51 所示。

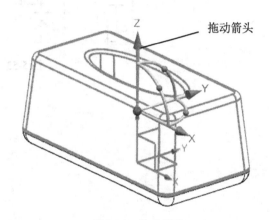

拖动箭头

图 5-50　选取 "◉ 移动对象"　　　　　　　图 5-51　拖动箭头

（76）将上盖拖到适当的位置，如图 5-52 所示。

（77）单击 "保存" 按钮，保存文档。

图 5-52　移动上盖

习　题

按照从上往下的方法，创建如图 5-53 所示的造型。

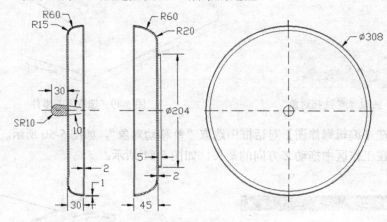

图 5-53　产品图

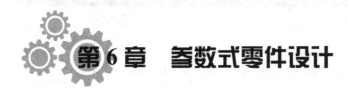

第6章 参数式零件设计

本章通过几个简单的实例，详细讲述创建参数式曲线和参数式零件的方法。

1. 弹簧

（1）选取"菜单｜工具｜表达式"命令，在【表达式】对话框中对"类型"选取"数字、恒定"，在"名称"栏输入"t"，"公式"为1，如图6-1所示。

图6-1 设定【表达式】对话框参数

（2）按上述方式，依次输入表6-1的螺纹曲线参数。

表6-1 螺纹曲线参数

名称	表达式	类型	表达式的含义
t	1	数字、恒定	系统变量，变化范围：0~1
r	10	数字、长度	圆弧半径
n	5	数字、恒定	螺纹数量
p	4	数字、长度	螺距
theta	t*360	数字、角度	每个螺纹旋转360°
x	r*cos(theta*n)	数字、长度	曲线上任一点的 x 坐标
y	r*sin(theta*n)	数字、长度	曲线上任一点的 y 坐标
z	p*n*t	数字、长度	曲线上任一点的 z 坐标

（3）输入参数后，【表达式】对话框如图6-2所示。

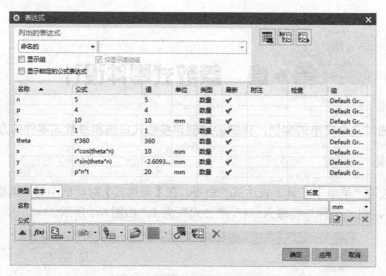

图 6-2 【表达式】对话框内容

（4）选取"菜单｜插入｜曲线｜规律曲线"命令，在【规律曲线】对话框中对"规律类型"选取"根据方程"，把"参数"设为 t，"函数"设为 x\y\z，如图 6-3 所示。

（5）单击"确定"按钮，创建螺旋曲线，如图 6-4 所示。

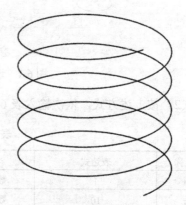

图 6-3 设定【规律曲线】对话框参数 　　　　图 6-4 螺旋曲线

（6）选取"菜单｜插入｜草图"命令，在【创建草图】对话框中 ZOX 平面作为草绘平面，X 轴作为水平参考，单击"确定"按钮，进入草绘环境。

（7）选取"菜单｜插入｜草图曲线｜矩形"命令，在【矩形】对话框中选取"从中心"按钮，如图 6-5 所示。

（8）以螺纹曲线的端点矩形中心，绘制一个矩形截面（4mm×2mm），如图 6-6 所示。

图 6-5　选取"从中心"按钮

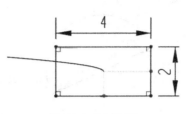

图 6-6　绘制矩形

（9）选取"菜单｜插入｜扫掠｜扫掠"命令，选取矩形作为截面曲线，螺旋曲线作为引导曲线。

（10）在【扫掠】对话框中把"定位方法"区域中"方向"设为"固定"。

（11）单击"确定"按钮，生成一个扫掠实体，但这个实体已变形，如图 6-7 所示。

（12）在【扫掠】对话框中把"定位方法"区域中"方向"设为"强制方向"，对"指定矢量"选取"ZC↑"。

（13）单击"确定"按钮，生成一个扫掠实体，方向符合要求，但实体轮廓比较模糊，如图 6-8 所示。

（14）在【扫掠】对话框中勾选"☑保留形状"复选框，生成的实体轮廓分明，符合要求，如图 6-9 所示。

图 6-7　实体已变形　　　图 6-8　方向为强制方向　　　图 6-9　实体轮廓分明

（15）单击"保存"按钮，保存文档。

2. 波浪碟

（1）选取"菜单｜插入｜草图"命令，选取 XOY 平面作为草绘平面，X 轴作为水平参考，以原点为圆心，绘制圆形截面（ϕ100mm），如图 6-10 所示。

（2）单击"确定"按钮，创建截面曲线（一）。

（3）选取"菜单｜插入｜曲面｜有界平面"命令，选取截面曲线（一），创建有界平面，如图 6-11 所示。

（4）选取"菜单｜插入｜基准/点｜基准平面"命令，在【基准平面】对话框中对"类型"选取"按某一距离"，把"距离"设为 20mm，如图 6-12 所示。

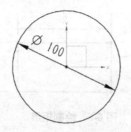

图 6-10　绘制圆形截面

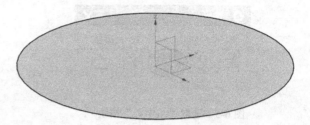

图 6-11　创建有界平面

（5）选取 *XOY* 平面，创建基准平面，如图 6-13 所示。

图 6-12　设定【基准平面】对话框

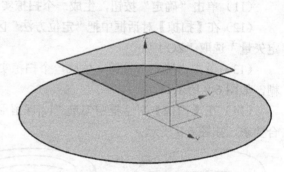

图 6-13　创建基准平面

（6）选取"菜单｜插入｜草图"命令，选取刚才创建的基准平面作为草绘平面，*X* 轴作为水平参考，以原点为圆心，绘制圆形截面（*φ*200mm），如图 6-14 所示。

（7）单击"确定"按钮，创建截面曲线（二）。

（8）选取"菜单｜插入｜网格曲面｜通过曲线组"命令，选取 *φ*200mm 的截面作为截面曲线 1，再在【通过曲线组】对话框中单击"添加新集"按钮 ，然后选取 *φ*100mm 的截面作为截面曲线 2。

（9）在【通过曲线组】对话框中"体类型"选取"片体"，单击"确定"按钮，创建网格曲面，两曲面之间没有约束关系，如图 6-15 所示。

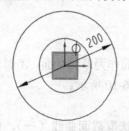

图 6-14　绘制圆形截面

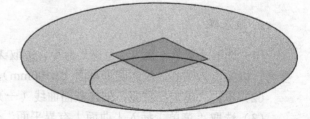

图 6-15　创建网格曲面

（10）双击 通过曲线组 (5)，在【通过曲线组】对话框中"第一截面"选取"G0（位置）"，"最后截面"选取"G1(相切)"，如图 6-16 所示。

（11）选取有界平面，单击"确定"按钮，有界平面与网格曲面相切，如图 6-17 所示。

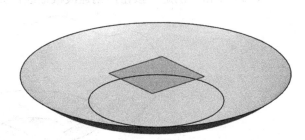

图 6-16　"最后截面"选取"G1（相切）"　　　　图 6-17　有界平面与网格曲面相切

（12）选取"菜单｜工具｜表达式"命令，在【表达式】对话框中对"类型"选取"数字、恒定"，在"名称"栏输入"t"，将"公式"设为 1，如图 6-1 所示。

（13）按上述方式，依次输入表 6-2 中的波浪曲线参数。

表 6-2　波浪曲线参数

名称	表达式	类型	表达式的含义
t	1	数字、恒定	系统变量，变化范围：0～1
r	200	数字、长度	圆弧半径
a	10	数字、长度	波峰
x	r*cos(360*t)	数字、长度	曲线上任一点的 x 坐标
y	r*sin(360*t)	数字、长度	曲线上任一点的 y 坐标
z	80+a*sin(360*t*10)	数字、长度	曲线上任一点的 z 坐标

（14）输入参数后，【表达式】对话框如图 6-18 所示。

图 6-18　【表达式】对话框

（15）选取"菜单｜插入｜曲线｜规律曲线"命令，在【规律曲线】对话框中对"规律类型"选取"根据方程"，把"参数"设为 t，"函数"设为 x\y\z，参考图 6-3。

（16）单击"确定"按钮，创建波浪曲线，如图 6-19 所示。

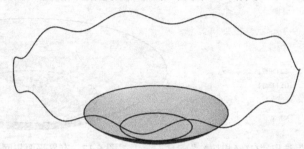

图 6-19　创建波浪曲线

（17）选取"菜单｜插入｜网格曲面｜通过曲线组"命令，选取 ϕ200mm 的截面为截面曲线 1，再在【通过曲线组】对话框中单击"添加新集"按钮，然后选取波浪曲线为截面曲线 2。

（18）在【通过曲线组】对话框中"体类型"选取"片体"，"第一截面"选取"G1（相切）"，"最后截面"选取"G0(位置)"。

（19）选取第一个网格曲面，单击"确定"按钮，创建第二个网格曲面，两个网格曲面之间相切，如图 6-20 所示。

（20）选取"菜单｜插入｜组合｜缝合"命令，将三个曲面缝合在一起。

（21）选取"菜单｜插入｜偏置/缩放｜加厚"命令，在【加厚】对话框中"偏置 1"设为 2mm。

（22）选取曲面，单击"确定"按钮，创建加厚特征。

（23）同时按住键盘的 Ctrl+W 组合键，在【显示和隐藏】对话框中单击"曲线"、"草图"、"片体"所对应的"-"，如图 6-21 所示，隐藏曲线"、"草图"、"片体"。

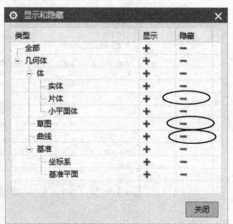

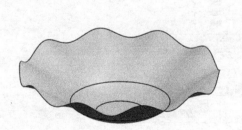

图 6-20　两个网格曲面之间相切　　　　图 6-21 单击"曲线"、"草图"、"片体"的"－"

（24）单击"保存"按钮，保存文档。

3. 渐开线齿轮

（1）启动 NX 10.0，单击"新建"按钮 ，在【新建】对话框中把"名称"设为"齿轮.prt"，对"单位"选取"毫米"，选取"模型"模板，单击"确定"按钮，进入建模环境。

（2）渐开线齿轮公式及各参数见表 6-3。

表 6-3 齿轮各项参数的名称及公式

名称	公式	类型	参数的含义
m	3	数字、恒定	模数
zm	20	数字、恒定	齿数
Alpha	15	数字、角度	压力角
d	zm*m	数字、长度	分度圆直径
da	(zm+2.5)*m	数字、长度	齿顶圆直径
db	zm*m*cos(Alpha)	数字、长度	齿基圆直径
df	(zm-2.5)*m	数字、长度	齿根圆直径

（3）选取"菜单｜工具｜表达式"命令，在【表达式】对话框中对"类型"选取"数字"和"恒定"，把"名称"设为"m"，"公式"设为"3"。

（4）按图 6-1 所示的方法，依次在【表达式】对话框中输入表 6-3 中的各项参数，如图 6-22 所示，单击"确定"按钮。

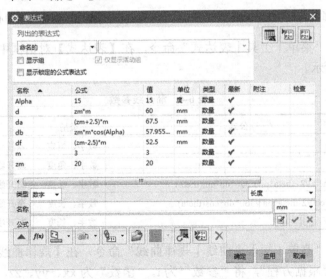

图 6-22 【表达式】对话框

（5）单击"草图"按钮 ，选取 *XOY* 平面作为草绘平面，*X* 轴作为水平参考，选取原点为圆心任意绘制一个圆，如图 6-23 所示。

（6）双击"尺寸标注"，将尺寸标注的数字改为"d"，如图6-24所示。

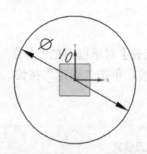
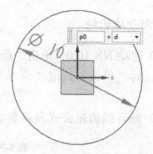

图6-23　任意绘制一个圆形截面　　　　图6-24　将直径标注改为"d"

（7）单击"Enter"键确认，圆弧的直径变为60mm，如图6-25所示。

（8）单击"完成草图"按钮 ，创建第一个草图。

（9）用相同的方法，创建其余3个草图，每个草图中只有一个圆，圆弧直径分别是：da、db、df，4个同心圆如图6-26所示。

注意：4个圆在不同的草图中。

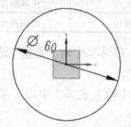
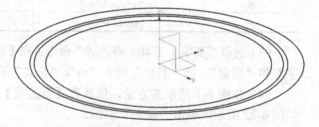

图6-25　圆弧的直径变为60mm　　　　图6-26　创建4个同心圆

（10）选取"菜单｜工具｜表达式"命令，在【表达式】对话框中添加渐开线的参数，如表6-4所示。

表6-4　渐开线参数

名称	公式	类型	备注
t	1	数字、恒定	系统变量，范围为0～1
theta	40*t	数字、角度	渐开线展开角度
xx	db*cos(theta)/2+theta*pi()/360*db*sin(theta)	数字、长度	渐开线上任意点x坐标
yy	db*sin(theta)/2-theta*pi()/360*db*cos(theta)	数字、长度	渐开线上任意点y坐标
zz	0	数字、长度	渐开线上任意点z坐标

（11）选取"菜单｜插入｜曲线｜规律曲线"命令，在【规律曲线】对话框中"规律类型"选取"根据方程"，将"参数"为t，"函数"为xx、yy、zz，如图6-27所示。

（12）单击"确定"按钮，创建一条渐开线，如图6-28所示。

图 6-27 【规律曲线】对话框

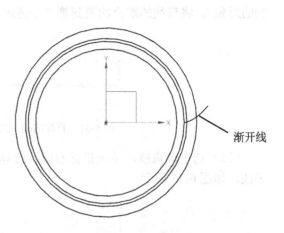

渐开线

图 6-28 创建渐开线

（13）单击"草图"按钮 ，以 *XOY* 平面作为草绘平面，*X* 轴作为水平参考，以原点为端点，另一个端点在渐开线上，绘制一条直线，如图 6-29 所示。

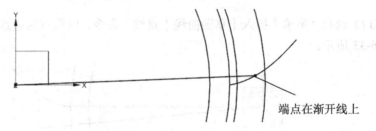

端点在渐开线上

图 6-29 绘制一条直线

（14）选取"菜单｜插入｜草图约束｜几何约束"命令，在【几何约束】对话框中单击"点在曲线上"按钮 ，如图 6-30 所示。

图 6-30 单击"点在曲线上"按钮

（15）选取从外往里的第二个圆为"要约束的对象"，选取直线的端点作为"要约束到的对象"，将直线的端点约束到第二个圆周上，如图 6-31 所示。

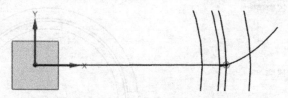

图 6-31　直线的端点约束到第二个圆周上

（16）选中该直线，单击鼠标右键，选择"转化为参考"命令，将该直线转化为参考线，如图 6-32 所示。

图 6-32　转化为参考线

（17）选择"菜单｜插入｜草图曲线｜直线"命令，以原点为起点，绘制一条直线，如图 6-33 所示。

图 6-33　绘制一条直线

（18）选取"菜单｜插入｜草图约束｜尺寸｜角度"命令，标注刚才创建的两条直线的夹角，并在【角度尺寸】对话框中输入"360/zm/2/2"，如图 6-34 所示。

（19）单击"确定"按钮，角度变为 4.5°，如图 6-35 所示。

图 6-34　【角度尺寸】对话框

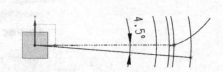

图 6-35　角度变为 4.5°

（20）单击"完成草图"按钮 🔩，创建一条曲线。

（21）选取"菜单｜插入｜基准/点｜基准平面"命令，在【基准平面】对话框中对"类型"选取"两直线" 🗔，选取 Z 轴和刚才创建的直线，创建一个基准平面，如图 6-36 所示。

（22）选取"菜单｜插入｜派生曲线｜镜像"命令，以刚才创建的基准平面作为镜像平面，镜像渐开曲线，如图 6-37 所示。

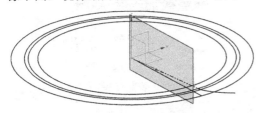

图 6-36 创建基准平面

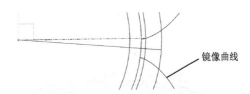

图 6-37 创建镜像曲线

（23）单击"草图"按钮 🔧，以 XOY 平面作为草绘平面，X 轴作为水平参考，以两条渐开线的端点绘制两条直线，且与渐开线相切，如图 6-38 所示。

（24）单击"拉伸"按钮 🗂，选取工作区中的最大圆为拉伸曲线，在【拉伸】对话框中"指定矢量"选取"-ZC↓"，将"开始距离"设为 0，"结束距离"设为 10mm。

（25）单击"确定"按钮后，创建一个实体，如图 6-39 所示。

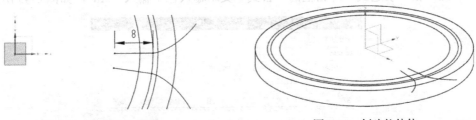

图 6-38 绘制相切曲线

图 6-39 创建拉伸体

（26）单击"拉伸"按钮 🗂，在辅助工具条中选"单条曲线"、"在相交处停止"按钮 🔢，如图 6-40 所示。

图 6-40 选"单条曲线"、"在相交处停止"按钮

（27）在【拉伸】对话框中单击"曲线"按钮 🔖，在工作区中依次选取轮齿各段的线段。

（28）在【拉伸】对话框中对"指定矢量"选取"-ZC↓"，将"开始距离"设为 0，"结束"选"贯通"，对"布尔"选"求差" 🔗。

（29）单击"确定"按钮，创建一个齿槽，如图 6-41 所示。

（30）在主菜单中选取"插入｜关联复制｜阵列特征"命令，在【阵列特征】对话框中"阵列布局"选取"圆形"⊙，对"指定矢量"选取"ZC↑"，单击"指定点"按钮，在【点】对话框中输入（0，0，0），"间距"选取"数量和节距"。

（31）单击"数量"旁边的下三角形▼，在下拉式菜单中选取 = **公式(F)...**，如图6-42所示。

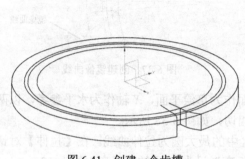

图6-41　创建一个齿槽　　　　　　　　　　图6-42　选取" = 公式（F）"

（32）在"表达式"对话框的"公式"文本输入栏中输入"zm"，如图6-43所示。

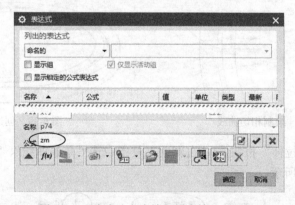

图6-43　"公式"文本输入栏中输入"zm"

（33）单击"确定"按钮，"数量"文本框中自动显示20，如图6-44所示。

（34）单击"节距角"旁边的下三角形▼，在下拉菜单中选取" = **公式(F)...**"。

（35）在【表达式】对话框"公式"文本输入栏中输入"360/zm"。

（36）单击"确定"按钮后，自动算出的"节距角"为18°，如图6-45所示。

图 6-44　数量为 20　　　　　　　　　　　　　　　图 6-45　节距角为 18°

（37）选取刚才创建的切口为"要形成阵列的特征"命令，单击"阵列特征"对话框中的"确定"按钮按钮，创建一个阵列特征，如图 6-46 所示。

（38）同时按住键盘的 Ctrl 键和 W 键，在【显示和隐藏】对话框中单击"基准"、"曲线"和"草图"旁边的"-"，将曲线、草图和基准全部隐藏。

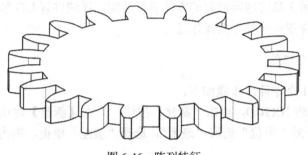

图 6-46　阵列特征

（39）单击"保存"按钮，保存文档。

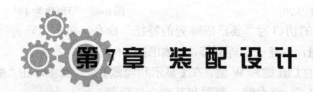

第7章 装配设计

本章通过对第 3 章习题所创建的零件进行装配，详细讲解 UG 装配设计、装配组件的编辑、装配爆炸图设计的主要操作过程。

1. 装配第一个组件

（1）装配第 1 个零件，步骤如下。

第 1 步：启动 NX10.0，单击"新建"按钮，在【新建】对话框中把"名称"设为"组件 1.prt"，对"单位"选取"毫米"，选择"装配"模板，单击"确定"按钮，进入装配环境。

第 2 步：在【添加组件】对话框中单击"打开"按钮，选取"底座.prt"，如图 7-1 所示。

第 3 步：在【添加组件】对话框中对"定位"选取"绝对原点"，如图 7-1 所示。

第 4 步：单击"确定"按钮，装配第一个零件，如图 7-2 所示。

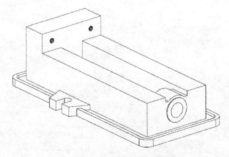

图 7-1 打开"底座.prt"   图 7-2 装配第一个零件

（2）装配第 2 个零件，步骤如下。

第 1 步：选取"菜单 | 装配 | 组件 | 添加组件"命令，在【添加组件】对话框单击"打开"按钮，选取"垫块.prt"，单击"OK"按钮，弹出"垫块.prt"的小窗口。

第 2 步：在【添加组件】对话框中"定位"选取"通过约束"，如图 7-3 所示。

第 3 步：单击"确定"按钮，在【装配约束】对话框中"类型"选取"接触对齐"，"方位"选取"接触"，勾选"☑预览窗口"和"☑在主窗口中预览组件"复选框，如图 7-4 所示。

图 7-3　选取"通过约束"

图 7-4　设定【装配约束】对话框参数

第 4 步：先选择小窗口零件的平面，再选择主窗口零件的平面(注意先后顺序)，如图 7-5 所示。

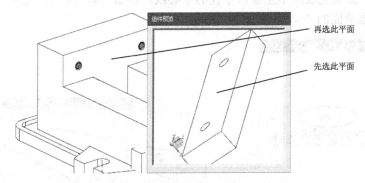

图 7-5　先选择小窗口零件的平面，再选择主窗口零件平面

第 5 步：单击"应用"按钮，所选取的两个平面接触对齐。

第 6 步：先选择小窗口零件的第二个平面，再选择主窗口零件的第二个平面，如图 7-6 所示。

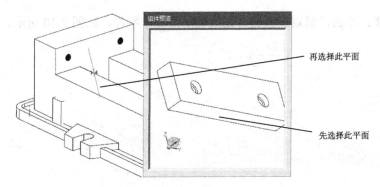

图 7-6　先选择小窗口零件的平面，再选择主窗口零件平面

第 7 步：单击"应用"按钮，所选取的两个平面接触对齐，如图 7-7 所示。

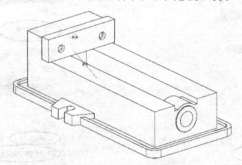

图 7-7　两个平面接触对齐

第 8 步：在【装配约束】对话框中对"类型"选取"接触对齐"，"方位"选取"对齐"，如图 7-8 所示。

第 9 步：先选取小窗口零件中孔的中心线，再选择主窗口零件中孔的中心线，如图 7-9 所示。如果无法选中主窗口中孔的中心线，那么可以先取消"□在主窗口中预览组件"复选框前面的"√"，如图 7-8 所示。

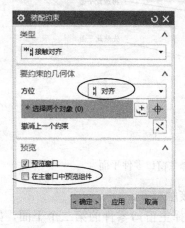 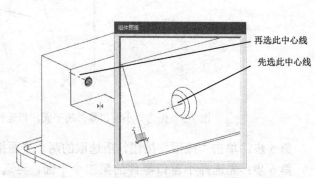

图 7-8　"方位"选取"对齐"　　图 7-9　先选小窗口的中心线，再选主窗口的中心线

第 10 步：单击"确定"按钮，完成装配第二个零件，如图 7-10 所示。

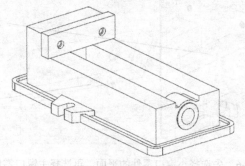

图 7-10　装配第二个零件

（3）装配第 3 个零件，步骤如下。

第 1 步：选取"菜单 ｜ 装配 ｜ 组件 ｜ 添加组件"命令，在【添加组件】对话框单击"打开"按钮 ，选取"螺钉.prt"，单击"OK"按钮，弹出"螺钉.prt"的小窗口。

第 2 步：在【添加组件】对话框中"定位"选取"通过约束"，如图 7-3 所示，单击"确定"按钮。

第 3 步：在【装配约束】对话框中"类型"选取"接触对齐"，"方位"选取"接触"，勾选"☑预览窗口"和"☑在主窗口中预览组件"复选框，如图 7-4 所示。

第 4 步：先选择螺钉的平面，再选择主窗口垫块沉头孔的平面(注意先后顺序)，如图 7-11 所示。

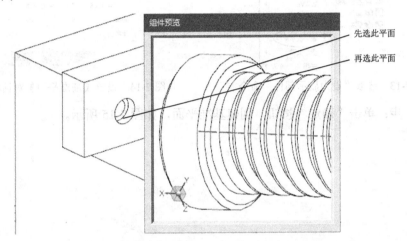

图 7-11　先选择螺钉的平面，再选主窗口垫块沉头孔的平面

第 5 步：单击"应用"按钮。

第 6 步：在【装配约束】对话框中"方位"选取"对齐"，如图 7-8 所示。

第 7 步：先选螺钉的中心线，再选沉头孔的中心线。

提示：如果装配符号出现红色，请单击【装配约束】对话框中"反向"按钮 ⊠，装配符号转为蓝色。

第 8 步：单击"确定"按钮，装配第三个零件，如图 7-12 所示。

第 9 步：采用相同的方法，装配另一个螺钉，如图 7-12 所示。

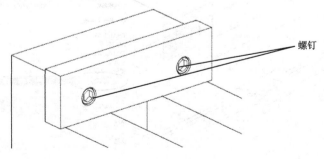

图 7-12　装配螺钉

（4）装配第 4 个零件，步骤如下（因装配过程中需使用基准平面，应先创建基准平面）。

第 1 步：在"装配导航器"中选中"底座.prt"，单击鼠标右键，选取"设为显示部件"命令，如图 7-13 所示，打开"底座.prt"零件图。

第 2 步：选取"菜单｜插入｜基准/点｜基准平面"命令，在【基准平面】对话框中"类型"选取"XC-ZC 平面"，选取"◉WCS"，"距离"设为 0，如图 7-14 所示。

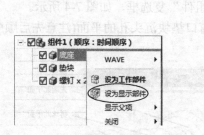

图 7-13　选取"设为显示部件"命令　　　　图 7-14　设置【基准平面】对话框参数

第 3 步：单击"确定"按钮，创建基准平面，如图 7-15 所示。

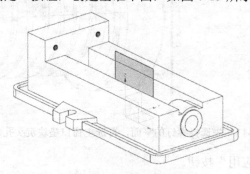

图 7-15　创建基准平面

第 4 步：选取"菜单｜格式｜引用集"命令，在【引用集】对话框中单击"添加新的引用集"按钮，选取底座实体和刚才创建的基准平面，如图 7-16 所示。

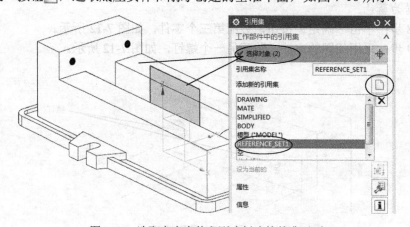

图 7-16　选取底座实体和刚才创建的基准平面

第 5 步：在屏幕上方选取"窗口 | 组件 1"，如图 7-17 所示。

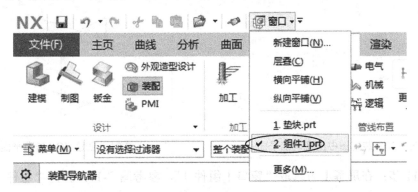

图 7-17 选取"窗口 | 组件 1"

第 6 步：在"装配导航器"中选中"组件 1"，单击鼠标右键，选取"设为工作部件"命令，如图 7-18 所示。

第 7 步：再在"装配导航器"中选中"底座"，单击鼠标右键，选取"替换引用集 | REFERENCE_SET1"，如图 7-19 所示。

图 7-18 设取"设为工作部件"命令 　　图 7-19 选取"替换引用集 | REFERENCE_SET1"

第 8 步：装配图中出现基准平面，如图 7-20 所示。

第 9 步：单击"打开"按钮 ，打开"码铁.prt"，并创建 *ZOX* 基准平面，如图 7-21 所示。

第 10 步：选取"菜单 | 格式 | 引用集"命令，在【引用集】对话框中单击"添加新的引用集"按钮 ，选取码铁实体和刚才创建的基准平面，参考图 7-16。

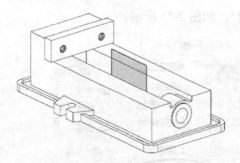
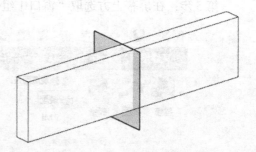

图 7-20　装配图中出现基准平面　　　　　图 7-21　创建 ZOX 基准平面

第 11 步：在屏幕上方选取"窗口 | 组件 1"，参考图 7-17，打开"组件 1.prt"装配图。

第 12 步：选取"菜单 | 装配 | 组件 | 添加组件"命令，在【添加组件】对话框单击"打开"按钮，选取"码铁.prt"，单击"OK"按钮，弹出"码铁 prt"的小窗口。

第 13 步：在【添加组件】对话框中对"定位"选取"通过约束"，"引用集"选取"整个部件"，如图 7-22 所示，小窗口中的零件显示基准平面，单击"确定"按钮。

图 7-22　对"引用集"选取"整个部件"

第 14 步：在【装配约束】对话框中对"类型"选取"接触对齐"，"方位"选取"接触"，勾选"☑预览窗口"和"☑在主窗口中预览组件"复选框，参考图7-4。

第15步：先选择码铁的平面，再选择主窗口零件的平面(注意先后顺序)，如图7-23所示。

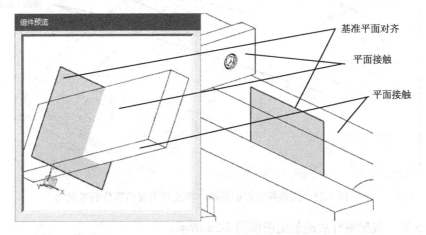

图 7-23　先选择码铁的平面，再选择主窗口零件的平面

第16步：装配码铁后的"组件1"装配图如图7-24所示。

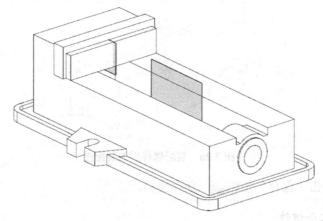

图 7-24　装配码铁

（5）装配第五个零件，步骤如下。

第1步：选取"菜单｜装配｜组件｜添加组件"命令，在【添加组件】对话框单击"打开"按钮，选取"螺杆.prt"，单击"OK"按钮，弹出"螺杆.prt"的小窗口。

第2步：在【添加组件】对话框中"定位"选取"通过约束"，参考图7-3，单击"确定"按钮。

第3步：在【装配约束】对话框中"类型"选取"接触对齐"，"方位"选取"接触"，勾选"☑预览窗口"和"☑在主窗口中预览组件"复选框，参考图7-4。

第4步：先选螺杆的基准，再选主窗口零件的平面（注意先后顺序），如图7-25所示。

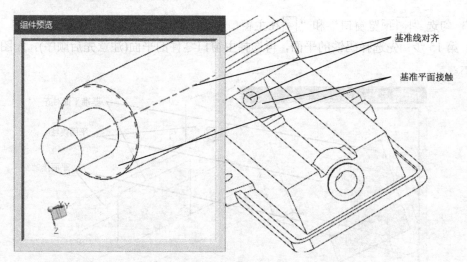

图 7-25　先选择螺杆的基准，再选择主窗口零件的基准

第 5 步：装配螺杆后的装配图如图 7-26 所示。

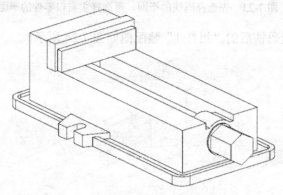

图 7-26　装配螺杆后的装配图

第 6 步：单击"保存"按钮，保存文档。

2. 装配第二个组件

（1）装配第 1 个零件，步骤如下。

第 1 步：单击"新建"按钮，在【新建】对话框中把风"名称"设为"组件 2.prt"，对"单位"选取"毫米"，选取"装配"模板，单击"确定"按钮，进入装配环境。

第 2 步：在【添加组件】对话框中单击"打开"按钮，选取"推板.prt"。

第 3 步：在【添加组件】对话框中对"定位"选取"绝对原点"，如图 7-1 所示。

第 4 步：单击"确定"按钮，装配第一个零件，如图 7-27 所示。

（2）装配第 2 个零件，步骤如下。

第 1 步：选取"菜单|装配|组件|添加组件"命令，在【添加组件】对话框单击"打开"按钮，选取"垫块.prt"，单击"OK"按钮，弹出"垫块.prt"的小窗口。

第 2 步：在【添加组件】对话框中 "定位" 选取 "通过约束"，如图 7-3 所示。

第 3 步：单击 "确定" 按钮，在【装配约束】对话框中对 "类型" 选取 "接触对齐"，"方位" 选取 "接触"，勾选 "☑预览窗口" 和 "☑在主窗口中预览组件" 复选框，如图 7-4 所示。

第 4 步：装配方法为对应螺纹孔的中心线对齐，两个零件的配合面要接触，如图 7-28 所示。

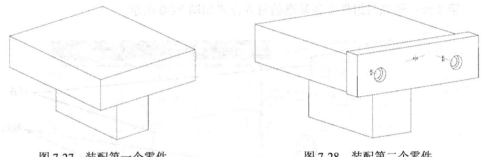

图 7-27　装配第一个零件　　　　　　　　图 7-28　装配第二个零件

（3）装配第 3 个零件

第 1 步：选取 "菜单 | 装配 | 组件 | 添加组件" 命令，在【添加组件】对话框单击 "打开" 按钮，选取 "螺钉.prt"，单击 "OK" 按钮，弹出 "螺钉.prt" 的小窗口。

第 2 步：按照组件 1 中装配 "螺钉.prt" 的方法，装配组件 2 中的 "螺钉.prt"，如图 7-29 所示。

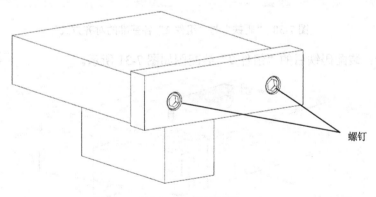

螺钉

图 7-29　装配螺钉

（4）装配第 4 个零件（因装配过程中需使用基准平面，需选创建基准平面）

第 1 步：在 "装配导航器" 中选中 "推板.prt"，单击鼠标右键，选取 "设为显示部件" 命令，打开 "推板.prt" 零件图。

第 2 步：选取 "菜单 | 基准/点 | 基准平面" 命令，创建 ZOX 基准平面。

第 3 步：选取 "窗口 | 组件 2"，打开 "组件 2" 装配图。

第 4 步：在 "装配导航器" 中选取 "组件 2"，单击鼠标右键，选取 "设为工作部件" 命令。

第 5 步：在"装配导航器"中选取"推板"，单击鼠标右键，选取"替换引用集 | 整个部件"命令

第 6 步：选取"菜单 | 装配 | 组件 | 添加组件"命令，在【添加组件】对话框单击"打开"按钮 📂，选取"码铁.prt"，单击"OK"按钮，弹出"码铁 prt"的小窗口。

第 7 步：在【添加组件】对话框中"定位"选取"通过约束"，"引用集"选取"整个部件"，参考图 7-22，小窗口中的零件显示基准平面，单击"确定"按钮。

第 8 步：码铁与组件 2 各基准的对齐方式如图 7-30 所示。

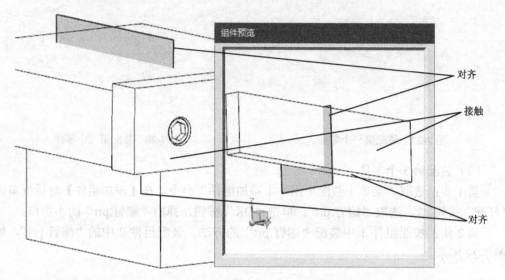

图 7-30 "码铁"与"组件 2"各基准的对齐方式

第 9 步：装配码铁后的"组件 2"装配图如图 7-31 所示。

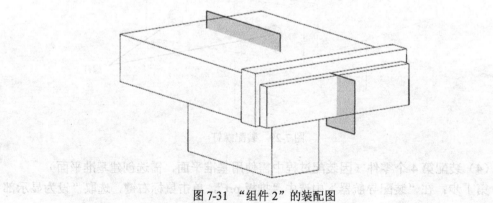

图 7-31 "组件 2"的装配图

第 10 步：单击"保存"按钮 💾，保存文档。

3. 装配总装图

（1）启动 NX10.0，单击"新建"按钮 📄，在【新建】对话框中把"名称"设为"虎

钳.prt"，对"单位"选取"毫米"，选取"装配"模板，单击"确定"按钮，进入装配环境。

（2）在【添加组件】对话框中单击"打开"按钮，选取"组件 1.prt"。

（3）在【添加组件】对话框中对"定位"选取"绝对原点"，"引用集"选取"整个部件"。

（4）单击"确定"按钮，装配"组件 1.prt"。

（5）选取"菜单｜装配｜组件｜添加组件"命令，在【添加组件】对话框单击"打开"按钮，选取"组件 2.prt"，单击"OK"按钮，弹出"组件 2.prt"的小窗口。

（6）在【添加组件】对话框中对"定位"选取"通过约束"，"引用集"选取"整个部件"。

（7）单击"确定"按钮，在【装配约束】对话框中"类型"选取"接触对齐"，"方位"选取"接触"，勾选"☑预览窗口"和"☑在主窗口中预览组件"复选框。

（8）先选取"组件 2"的平面，再选取"组件 1"的平面，如图 7-32 所示。

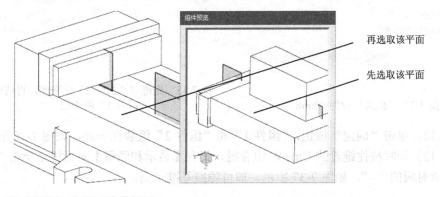

图 7-32　先选取"组件 2"的平面，再选取"组件 1"的平面

（9）单击"应用"按钮，在【装配约束】对话框中对"类型"选取"距离"，先选取"组件 2"的平面，再选取"组件 1"的平面，如图 7-33 所示。

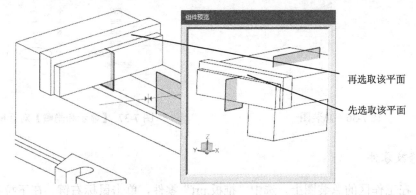

图 7-33　先选取"组件 2"的平面，再选取"组件 1"的平面

（10）在【装配约束】对话框中把"距离"设为 80mm，如图 7-34 所示。

（11）单击"应和"按钮，在【装配约束】对话框中对"类型"选取"接触对齐"，"方位"选取"对齐"，先选取"组件 2"的平面，再选取"组件 1"的平面，如图 7-35 所示。

图 7-34 "距离"设为 80mm

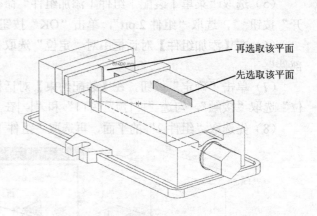

图 7-35 先选取"组件 2"的平面，再选取"组件 1"的平面

（12）单击"确定"按钮，"组件 1"和"组件 2"组装在一起，如图 7-36 所示。

（13）同时按住键盘的 Ctrl+W 组合键，再在【显示和隐藏】对话框中单击"基准平面"所对应的"–"，如图 7-37 所示，即可隐藏基准平面。

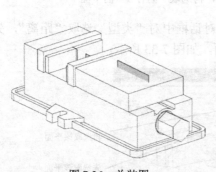

图 7-36 总装图

图 7-37 【显示和隐藏】对话框

4. 修改零件

（1）在工作区的总装图上，选中"推板.prt"零件，单击鼠标右键，在下拉菜单中选取"设为工作部件"命令，如图 7-38 所示。

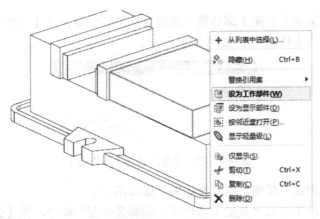

图 7-38 选取"设为工作部件"命令

（2）选取"菜单｜插入｜组合｜减去"命令，选取"推板.prt"零件为目标体，在工作区左上角选取"整个装配"，如图 7-39 所示，在工作区选取"螺杆.prt"零件为工具体。

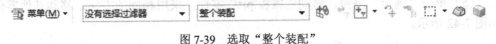

图 7-39 选取"整个装配"

（3）单击"确定"按钮，创建减去特征。

（4）在工作区的总装图上，选中"螺杆.prt"零件，单击鼠标右键，在下拉菜单中选取"设为工作部件"命令。

（5）在工作区的总装图上，选中"推板.prt"零件，单击鼠标右键，在下拉菜单中选取"设为显示部件"命令。打开"推板.prt"零件图，可看出在"推板.prt"零件图上创建了一个与螺杆相配合的孔，如图 7-40 所示。

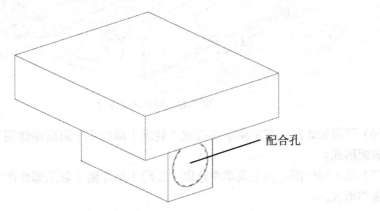

图 7-40 创建与螺杆配合的孔

5. 创建爆炸图

（1）打开虎钳.prt 装配图。

（2）选取"菜单｜装配｜爆炸图｜新建爆炸图"命令，在【新建爆炸图】对话框中把"名称"设为"爆炸图1"，如图7-41所示。

图7-41　把"名称"设为"爆炸图1"

（3）单击"确定"按钮，创建爆炸图"爆炸图1"。

（4）在主菜单中选取"装配｜爆炸图｜编辑爆炸图"命令，在【编辑爆炸图】对话框选取"◉选择对象"→在装配图上选取"推板.prt"零件→在【编辑爆炸图】对话框选取"◉移动对象"→选取坐标系Z轴上的箭头→在【编辑爆炸图】对话框中输入偏移距离：–150mm。

（5）单击"确定"按钮，移动"推板.prt"零件，采用相同的方法，移动其他零件，如图7-42所示。

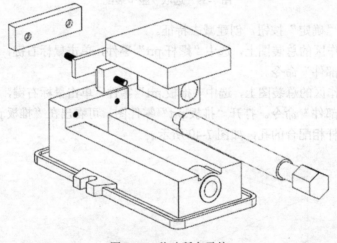

图7-42　移动所有零件

（6）隐藏爆炸图：在主菜单中选取"装配｜爆炸图｜隐藏爆炸图"命令，爆炸图恢复成装配形式。

（7）显示爆炸图：在主菜单中选取"装配｜爆炸图｜显示爆炸图"命令，装配图分解成爆炸形式。

6. 删除爆炸图

（1）在横向菜单的空白处单击鼠标右键，在下拉菜单中勾选"装配"，如图7-43所示。

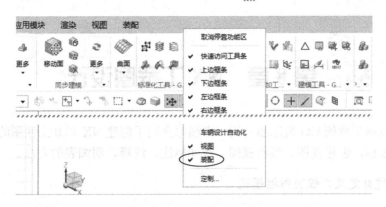

图 7-43　勾选"装配"

（2）在横向菜单中依次单击"装配"选项卡→"爆炸图"→"无爆炸"，如图 7-44 所示。

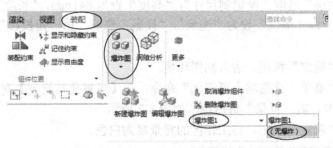

图 7-44　选"无爆炸"命令

（3）在主菜单中选取"装配 | 爆炸图 | 删除爆炸图"命令，单击"确定"按钮，即可删除所选中的爆炸图。

（4）单击"保存"按钮，保存文件。

第8章 NX 工程图设计

本章以第 7 章的 UG 装配图为例，详细地介绍了创建 NX 10.0 工程图的图框、标题栏的制作过程，创建视图、编辑视图、尺寸标注、注释、明细表的方法。

1. 创建自定义工程图图框模板

（1）启动 NX 10.0，单击"新建"按钮 📄，在【新建】对话框中把"名称"设为"muban.prt"，"单位"设为"毫米"，选取"模型"模板，单击"确定"按钮进入建模环境。

（2）在横向菜单中选取"应用模块"选项卡，再单击"制图"按钮 📐，在【图纸页】对话框中对"大小"选取"⦿定制尺寸"，"高度"设为 841mm，"长度"设为 1189mm，"比例"设为 1:1，"单位"设为"毫米"，"投影"选取"第一角投影"按钮 ⊏⊐⊙，如图 8-1 所示。

（3）单击"确定"按钮，进入制图环境。

（4）选取"菜单｜首选项｜可视化"命令，在【可视化首选项】对话框中选取"颜色/字体"选项卡，对"背景"选白色，如图 8-2 所示。

（5）单击"确定"按钮，将工作区的背景视为白色。

图 8-1 设置【图纸页】对话框参数

图 8-2 "背景"选白色

（6）选取"菜单｜插入｜草图曲线｜矩形"命令，在【矩形】对话框中选取"按 2 点"及坐标式，如图 8-3 所示。

（7）输入第一点坐标（0,0），按 Enter 键后，再输入矩形的宽度和高度（1189，841），如图 8-4 所示。

图 8-3　选矩形创建方式

图 8-4　输入矩形顶点坐标及宽度和高度

（8）在工作区中单击鼠标左键，再单击鼠标右键，在下拉菜单中选取"完成草图"按钮 ，创建一个矩形，其中的尺寸标注可以直接按键盘的 Delete 键删除。

（9）选取"菜单｜插入｜表格｜表格注释"命令，在【表格注释】对话框中对"描点"选取"右下"，"列数"设为 6，"行数"设为 5，"列宽"设为 20mm，如图 8-5 所示。

（10）在工作区中选取图框的右下角，创建一个 6 列×5 行的表格，如图 8-6 所示。

图 8-5　设置【表格注释】对话框参数

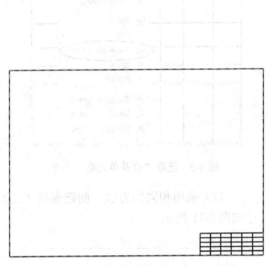

图 8-6　绘制表格（一）

（11）选择左上角的单元格，单击鼠标右键，在下拉菜单中选取"选择→列"，如图 8-7 所示。

（12）再次右击该列，在下拉菜单中选取"调整大小"命令，列宽设为 10mm。

（13）采用相同的方法，调整其他列宽和行高，如图 8-8 所示。

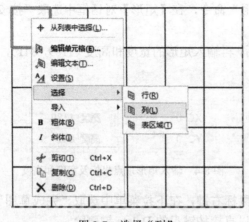

图 8-7 选择"列"

图 8-8 修改表格（一）尺寸

（14）选取左下角的单元格，按住鼠标左键，往右移动至右下角的单元格，选取最下面一行。

（15）单击鼠标右键，在下拉菜单中选取"合并单元格"命令，最下面一行的单元格合并为一个单元格，如图 8-9 所示。

（16）采用相同的方法，合并其他单元格，合并后如图 8-10 所示。

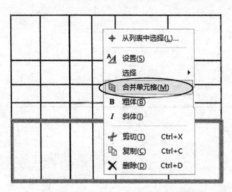

图 8-9 选取"合并单元格"命令

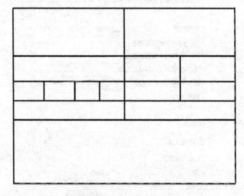

图 8-10 合并后的表格

（17）采用相同的方法，创建表格（二）（1 列×2 行）和表格（三）（5 列×9 行），尺寸如图 8-11 所示。

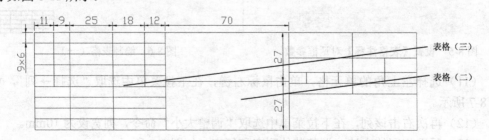

图 8-11 创建表格（二）与表格（三）

（18）双击右下角的表格，在文本框中输入"ABC 有限公司"，如图 8-12 所示。

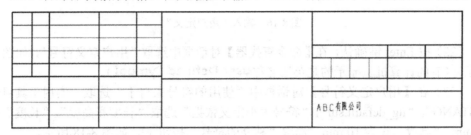

图 8-12 输入文本

（19）选取所输入的文本，单击鼠标右键，在下拉菜单中选取"设置"命令，在【设置】对话框中选取"文字"选项卡，"颜色"选取"黑色"，"字体"选取"黑体"，"高度"设为 6.0mm，如图 8-13 所示，在"单元格"选项卡中，对"文本对齐"选取"中心"，如图 8-14 所示。

图 8-13 设定"文字"参数

图 8-14 设定"文本对齐"选取"中心"

（20）同样的方法，创建其他表格的文本，如图 8-15 所示。

提示：如果单元格中的文字用######表示，这是因为字体高度太大，将文本的高度调小即可正常显示。

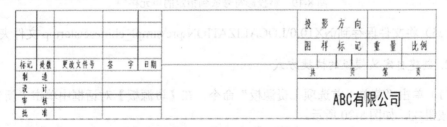

图 8-15 创建表格的文本

（21）选取"菜单 | 插入 | 符号 | 用户定义"命令。（如果在菜单中找不到"用户定义"这个命令，请在横向菜单中右边的"命令查找器"中输入"用户定义"，如图 8-16 所示。）

图 8-16 输入"用户定义"

（22）按 Enter 键确认，在【命令查找器】对话框中选取"用户定义符号"，如图 8-17 所示。（有的计算机上显示的是英语名称**User Defined Symbol**）。

（23）在【用户定义符号】对话框中"使用的符号来自于"选取"实用工具目录"，"1STANG"，"ug_default.sbf"，"符号大小定义依据"选取"长度和高度"，"长度"设为 20 mm，"高度"设为 10 mm，选取"独立的符号"按钮，如图 8-18 所示。

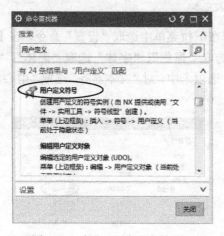

图 8-17 选取"用户定义符号"

图 8-18 【用户定义符号】对话框

（24）将投影符号放到指定的单元格中，如图 8-19 所示。

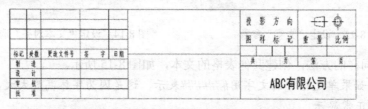

图 8-19 将投影符号放到指定的单元格中

（25）将文件保存到\NX10.0\LOCALIZATION\prc\simpl_chinese\startup 文件夹中。

2. 创建自定义模板的快捷方式

（1）单击"菜单｜首选项｜资源板"命令，在【资源板】对话框中单击"新建资源板"按钮，如图 8-20 所示。

（2）在左侧工具条最下方出现一个"新建资源板"的快捷图标，如图 8-21 所示。

（3）在屏幕左边的空白处单击鼠标右键，在下拉式主菜单中，依次选取"新建条目｜图纸页模板"，如图 8-21 所示。

（4）选取刚才创建的 muban.prt，该文件作为模板图标挂在绘图区左边，如图 8-22 所示。

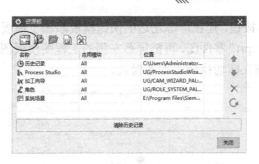

图 8-20 单击"新建资源板"按钮

图 8-21 选取"新建条目丨图纸页模板"

图 8-22 作为模板图标挂在绘图区左边

（5）单击"文件丨首选项丨资源板"，在【资源板】对话框中选取刚才创建的资源板，再单击"属性"按钮，如图 8-23 所示。

（6）在【资源板属性】对话框中"名称"设为"ABC 有限公司"，如图 8-24 所示。

图 8-23 【资源板】对话框

图 8-24 输入名称

（7）单击"确定"按钮，挂在屏幕左边的快捷模板添加了模板名称，如图 8-25 所示。

（8）先打开"底座.prt"零件图，再把屏幕左侧的工程图模板图标直接拖到绘图区中，如图 8-26 所示，系统立即切换成工程图模式。

图 8-25　添加图框模板名称　　　　　　　　　图 8-26　调用图框方法

（9）在【视图创建向导】对话框中单击"下一步"，→"下一步"，→"前视图"，→"下一步"，将前视图放在图框中的适当位置，即可开始创建工程图。

3. 在【新建】对话框中加载自定义图框模板

具体步骤如下。

（1）将 muban.prt 复制到\NX10.0\LOCALIZATION\prc\simpl_chinese\startup 文件夹。

（2）用记事本打开\NX10.0\LOCALIZATION\prc\simpl_chinese\startup 文件夹中的 ugs_drawing_templates_simpl_chinese.pax 文件，保留以下内容，其余部分全部删除，如图 8-27 所示。

图 8-27　修改 ugs_drawing_templates_simpl_chinese.pax 文件

（3）更改后文本中所标示的部分内容如图 8-28 所示。

图 8-28　修改文本内容

（4）将该文件另存为 my_ugs_drawing_templates_simpl_chinese.pax。

（5）用 Windows 自带的画图软件，打开 drawing_noviews_template.jpg 文件，在图案中添加一行文本"ABC 有限公司"，如图 8-29 所示。

（6）将该图片文件另存为"ABC 公司图框.jpg"。

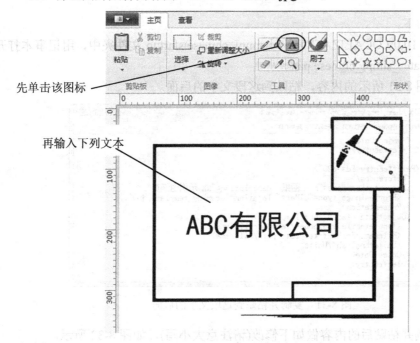

图 8-29　在图片中添加文本

（7）重新启动 NX 10.0，单击"新建"按钮，在【新建】对话框中出现"ABC 有限公司的图纸"选项卡，该选项卡与 my_ugs_drawing_templates_simpl_chinese.pax 文件对应关系如图 8-30 所示。

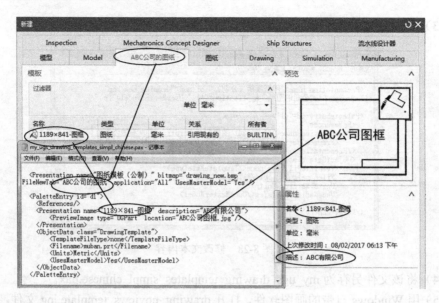

图 8-30　对应关系

4. 在【图纸页】对话框中增加自定义图框模板

具体步骤如下。

（1）在\NX 10.0\LOCALIZATION\prc\simpl_chinese\startup 文件夹中，用记事本打开 ugs_sheet_templates_simpl_chinese.pax。

（2）复制图 8-31 所示的内容，粘贴到这段文字的后面。

图 8-31　复制并粘贴到这段文字的后面

（3）将复制并粘贴后的内容做如下修改(请注意大小写)，如图 8-32 所示。

（4）单击"保存"按钮 ，保存该文件。

（5）重新启动 NX 10.0，任意打开"底座.prt"，在横向菜单中选取"应用模块→制图→新建图纸页"命令，在【图纸页】对话框选取"⦿ 使用模板"，在选项中出现刚才所创建的模板，如图 8-33 所示。

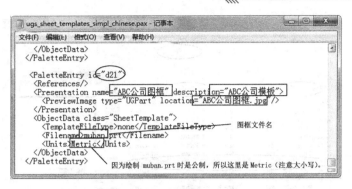

图 8-32 修改 ugs_sheet_templates_simpl_chinese.pax

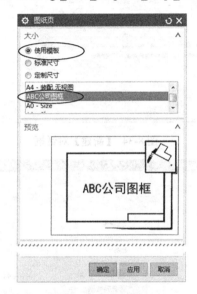

图 8-33 调用模板

5. 创建基本视图

步骤如下。

（1）启动 NX 10.0，单击"新建"按钮，在【新建】对话框中选以"图纸"选项卡，"关系"选取"引用现有部件"，"单位"选取"毫米"，选取"A0++-装配……"选项，"新文件名称"设为"gct.prt"，选取第 7 章的"虎钳.prt"，如图 8-34 所示。

（2）单击"确定"按钮，在【视图创建向导】对话框中单击"下一步"按钮。

（3）在"选项"选项卡中"视图边界"选取"手工"，取消勾选"自动缩放至适合窗口"复选框，"比例"设为"1：1"，勾选"☑处理隐藏线"、"☑显示中心线"、"☑显示轮廓线"复选框，预览样式选取"隐藏线框"，如图 8-35 所示。

（4）单击"下一步"按钮，在"方向"选项卡上选取"俯视图"。

（5）单击"下一步"按钮，在"布局"选项卡"放置选项"选取"手工"，在图框中的适当位置放置视图，即可创建主视图。

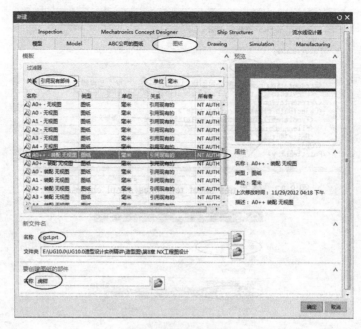

图 8-34 【新建】对话框

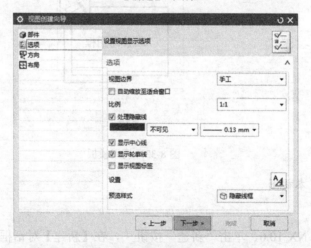

图 8-35 设置【视图创建向导】对话框参数

（6）选取"菜单｜插入｜视图｜投影视图"命令，创建右视图和俯视图。

（7）单击"基本视图"按钮，创建正等测图、正三轴测图和仰视图等，如图 8-36 所示。

（8）按住键盘的 Ctrl+W 组合键，在【显示和隐藏】对话框中单击"基准平面"和 "图纸对象"对应的"–"，可以隐藏中工程图中的基准轴和基准平面。

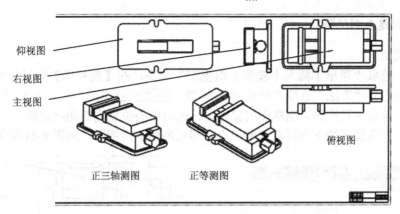

仰视图
右视图
主视图
俯视图
正三轴测图
正等测图

图 8-36　创建视图

6. 创建断开视图

步骤如下。

（1）选取"菜单｜插入｜视图｜基本"命令，在【基本视图】对话框中单击"打开"按钮 ，打开"螺杆.prt"，创建"螺杆.prt"的俯视图，如图 8-37 所示。

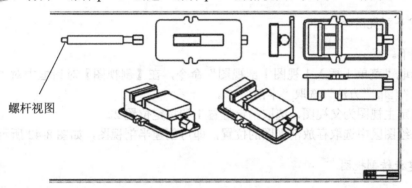

螺杆视图

图 8-37　创建螺杆视图

（2）选取"菜单｜插入｜视图｜断开视图"命令 ，在【断开视图】对话框中"类型"选取"常规"，"主模型视图"选螺杆的视图，"方位"选取"矢量"，"指定矢量"选取"XC↑" ，"间隙"设为 8mm，"样式"选 ，"幅值"设为 6mm，在螺杆视图中选取第 1 点和第 2 点，如图 8-38 所示。

（3）单击"确定"按钮，创建断开剖视图，如图 8-39 所示。

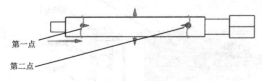

第一点
第二点

图 8-38　选取第一点和第二点

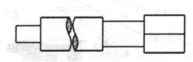

图 8-39　创建断开视图

7. 创建全剖视图

步骤如下。

（1）选取"菜单｜插入｜视图｜剖视图"命令，在【剖视图】对话框中对"定义"选取"动态"，"方法"选取"简单剖/阶梯剖" ，如图 8-40 所示。

（2）选定主视图作为剖视图的父视图，选取中心位置为部面线位置。

（3）在主视图的下方任意选取一点，即可创建全剖视图，如图 8-41 所示。

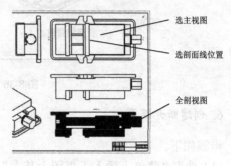

图 8-40 【剖视图】对话框　　　　图 8-41 创建全剖视图

8. 创建半剖视图

步骤如下。

（1）选取"菜单｜插入｜视图｜剖视图"命令，在【剖视图】对话框中对"定义"选取"动态" ，"方法"选取"半剖" 。

（2）选定主视图为父视图，选取指定位置 1 和指定位置 2。

（3）在绘图区中选取存放剖视图的位置，即可创建半剖视图，如图 8-42 所示。

9. 创建旋转剖视图

步骤如下。

（1）选取"菜单｜插入｜视图｜剖视图"命令，在【剖视图】对话框中对"定义"选取"动态"，"方法"选取"旋转" 。

（2）选定右视图为父视图，选取圆心为旋转点，选取支线点 1 与支线点 2。

（3）在绘图区中选取存放剖视图的位置，即可创建旋转剖视图，如图 8-43 所示。

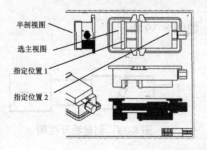

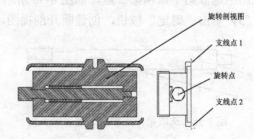

图 8-42 创建半剖视图　　　　图 8-43 创建半剖视图

10. 创建对齐视图

步骤如下。

（1）选取主菜单中"编辑 | 视图 | 对齐"命令，在【对齐视图】对话框中"方法"选取"水平"按钮▦，"对齐"选取"对齐至视图"。

（2）在工程图中选取旋转剖视图与主视图，两个视图对齐。

提示：或者拖动旋转剖视图，出现水平虚线后，即与主视图对齐。

11. 创建局部剖视图

步骤如下。

（1）选取右投影视图，→单击鼠标右键，在下拉菜单中选取"▣活动草图视图"命令。

（2）选取"菜单 | 插入 | 草图曲线 | 艺术样条"命令，在【艺术样条】对话框中"类型"选取"通过点"，勾选"☑封闭"复选框，选取"◉视图"单选框。

（3）在右视图上绘制一条封闭的曲线，如图 8-44 所示，单击"完成草图"按钮▨。

（4）选取"菜单 | 插入 | 视图 | 局部剖"命令，在【局部剖】对话框中选取"◉创建"按钮，→单击"选择视图"按钮▣→选取右视图→选取"指出基准点"按钮▢→在主视图上选取圆心为基准点，如较 8-45 所示→选取"选择曲线"按钮▨→选取刚刚绘制的曲线。

（5）单击"应用"按钮，创建局部剖视图，如图 8-45 所示。

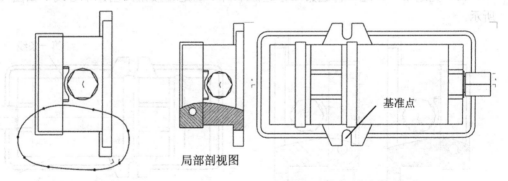

基准点

局部剖视图

图 8-44　绘制封闭样条曲线　　　　　图 8-45　创建局部剖视图

12. 创建局部放大图

步骤如下。

（1）选取"菜单 | 插入 | 视图 | 局部放大图"命令🔍，在【局部放大图】对话框中"类型"选取"圆形"。

（2）在主视图上绘制一个虚线圆，在【局部放大图】对话框中"比例"设为 2：1，即可创建局部放大图，如图 8-46 所示。

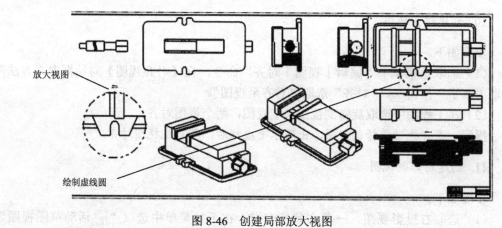

图 8-46　创建局部放大视图

13. 更改剖面线形状

步骤如下。

（1）双击视图中的剖面线，在【剖面线】对话框中把"距离"设为 8mm。

（2）单击"确定"按钮，重新调整剖面线的间距，如图 8-47 所示。

14. 创建视图 2D 中心线

（1）选取"菜单 | 插入 | 中心线 | 2D 中心线"命令。

（2）先选第一条边，再选第二条边，单击"确定"按钮，创建中心线，如图 8-48 所示。

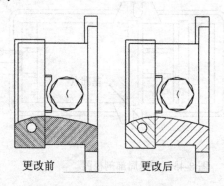

更改前　　　　　更改后

图 8-47　更改剖面线的距离

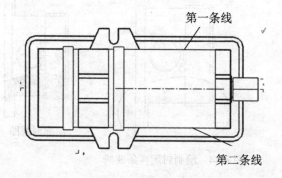

第一条线

第二条线

图 8-48　创建中心线

（3）双击中心线，在【2D 中心线】对话框中勾选"☑单侧设置延伸"复选框，拖动中心线两端的箭头，调整中心线的长度。此时，中心线延长部分是实线，如图 8-49 所示。

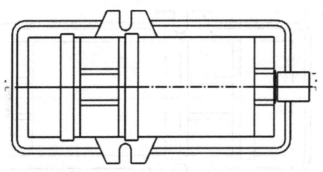

图 8-49　调整中心线长度

（4）选取"文件｜实用工具｜用户默认设值"命令，在【用户默认设置】对话框中选取"制图｜常规/设置｜定制标准"，如图 8-50 所示。

图 8-50　设置【用户默认设置】对话框参数

（5）在【定制制图标准】对话框中"中心线显示"选取"正常"，如图 8-51 所示。

图 8-51　"中心线显示"选取"正常"

（6）在【定制制图标准】对话框中单击"保存"按钮 **保存** ，保存刚才的设置。
（7）重新启动 UG，中心线显示为点画线。

15. 添加标注

步骤如下。
（1）选取"菜单｜插入｜尺寸｜快速"命令，可对零件进行标注，如图 8-52 所示。

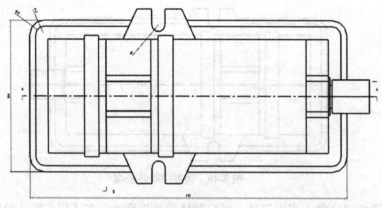

图 8-52　标注尺寸

（2）选取标注数字，单击鼠标右键，在下拉菜单中选取"设置"命令，在【设置】对话框中选取"尺寸文本"，"颜色"选取"黑色"，"字型"选取"黑体"，"高度"设为15，"字体间隙因子"设为 0.2，"宽高比"设为 0.8，"尺寸线间隙因子"设为 0.1，如图 8-53 所示。

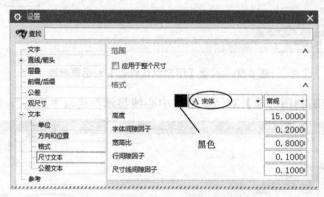

图 8-53　设定【设置】对话框参数

（3）在【设置】对话框中展开"+直线/箭头"，选取"箭头"，将箭头长度设为 15mm。

（4）按 Enter 键，即可完成修改，如图 8-54 所示。

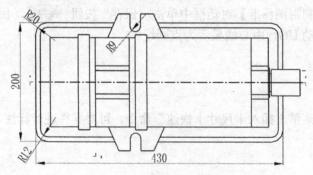

图 8-54　修改后的尺寸标注

16. 添加标注前缀

步骤如下。

（1）选取标注为ϕ21 的数字，单击鼠标右键，选取"设置"命令，在【设置】对话框中选取"前缀/后缀"选项，"位置"选取"之前"，"半径符号"选取"用户定义"，"要使用的符号"设为"4×R"，如图 8-55 所示。

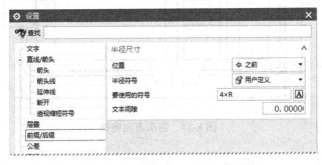

图 8-55　设定【设置】对话框参数

（2）采用同样的方法，添加其他的前缀，如图 8-56 所示，

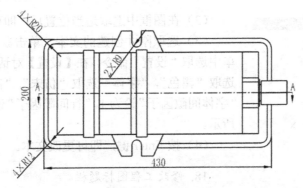

图 8-56　添加前缀

（3）选取"4×R20"，单击鼠标右键，在下拉菜单中选取"设置"命令，在【设置】对话框中展开"+直线/箭头"，选取"箭头"，勾选"☑显示箭头"复选框，"方位"选取"◉向外"，如图 8-57 所示。

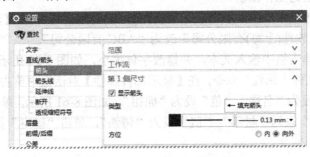

图 8-57　"方位"选取"◉向外"

（4）按 Enter 键，箭头方向向外，如图 8-58 所示。

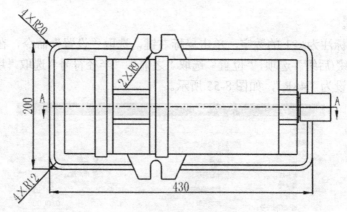

图 8-58　箭头方向向外

17. 注释文本

（1）选取"菜单｜插入｜注释｜注释"命令，在【注释】对话框中输入文本，如图 8-59 所示。

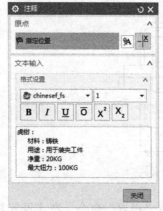

图 8-59　【注释】对话框（一）

（2）在图框中选取适当位置后，即可添加注释文本。

（3）选取刚才创建的文本，单击鼠标右键，在下拉菜单中选取"设置"命令，在【设置】对话框中设定"颜色"选取"黑色"，"字体"选取"仿宋"，"高度"设为 25mm，"字体间隙因子"设为 1，"行间隙因子"设为 2，参考图 8-53 所示。

（4）按 Enter 键，即可更改文本。

18. 修改工程图标题栏

步骤如下。

（1）选取"菜单｜格式｜图层设置"命令，在【图层设置】对话框中"显示"选取"含有对象的图层"，双击"☑170"，使 170 图层为工作图层。

（2）双击标题栏中"西门子产品管理软件(上海)有限公司"，在【注释】对话框中将"西门子产品管理软件(上海)有限公司"改为"ABC 有限公司"。

（3）在其他单击格中输入文本，并修改字体大小，如图 8-60 所示。

（4）单击"文件｜属性"命令，在【显示部件属性】对话框中单击"属性"选项卡，把"标题/别名"设为"名称"，"值"设为"虎钳"，如图 8-61 所示，单击"应用"按钮，再在"标题/别名"设为"材料"，"值"设为"铸铁"，单击"确定"按钮。

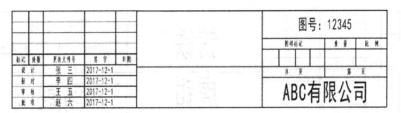

图 8-60　修改标题栏

图 8-61　"标题/别名"设为"名称"，"值"设为"虎钳"

（5）在工程图标题栏中选取较大的单元格，单击鼠标右键，在下拉菜单中选取"导入"，选取"属性"，如图 8-62 所示。

（6）在【导入属性】对话框中选取"工作部件属性"，选取"名称"，如图 8-63 所示。

（7）在所选取的单元格中填写零件的名称，采用相同的方法，在另一个单元格中填写零件的材质（字体及大小，需采用图 8-53 所示的方法进行调整），如图 8-64 所示。

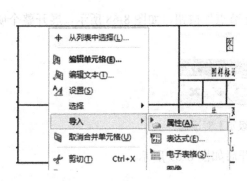

图 8-62　选取"导入 | 属性"命令

图 8-63　导入名称

图 8-64 导入名称和材质

19. 创建明细表

（1）选取"菜单｜插入｜表格｜零件明细表"命令，如果在创建明细表时出现图 8-65 所示的错误提示，请单击"我的电脑→单击鼠标右键→属性→系统属性→高级→环境变量→新建"，在【新建系统变量】对话框中，将"变量名（N）"设为"UGII_UPDATE_ALL_ID_SYMBOLS_WITH_PLIST"，"变量值"设为 0，如图 8-66 所示，重新启动 UG。

图 8-65 提示错误

（2）对于第一次创建明细表的 UG 用户，所创建的明细表如图 8-67 所示。

图 8-66 编辑用户变量

图 8-67 明细表

（3）把鼠标放在明细表左上角处，明细表全部变成棕色后，单击鼠标右键，在下拉菜单中选取"编辑级别"命令。

（4）在【编辑级别】对话框中单击"仅叶节点"按钮，如图 8-68 所示，展开整个明细表。

图 8-68 【编辑级别】对话框

（5）单击"√"确认后退出，明细表展开后如图 8-69 所示。

20. 在装配图上生成序号

步骤如下。

（1）把鼠标放在明细表左上角处，明细表全部变成黄色后，单击鼠标右键，在下拉菜单中选取"自动符号标注"命令，如图 8-70 所示。

6	底座	1
5	螺杆	1
4	推板	1
3	垫块	2
2	螺钉	4
1	码铁	2
PC NO	PART NAME	QTY

图 8-69　展开明细表

		1
✛	从列表中选择(L)...	1
🔗	关联到视图	
🔲	取消与视图的关联	1
	选择　　　　▶	
⤴	排序(O)...	2
📊	导出(X)...	
📋	更新零件明细表(D)	4
🔆	自动符号标注(B)	
✂	剪切(T)　　Ctrl+X	2
🗐	复制(C)　　Ctrl+C	
P		QTY

图 8-70　选取"自动符号标注"命令

（2）选取正三轴测视图，单击"确定"按钮，在该视图上添加序号（螺钉不可见，没有用数字标识）。

（3）选取全部 6 个序号，单击鼠标右键，在下拉菜单中选取"设置"命令，在【设置】对话框中选取"符号标注"选项卡，颜色选取"黑色"■，线型选取"一"，线宽选取"0.25mm"，"直径"设为 20mm，如图 8-71 所示。选取"文字"选项卡，设定"高度"设为 15mm，按 Enter 键，序号更改大小。

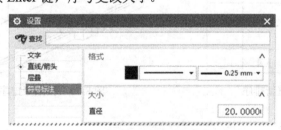

图 8-71　设置符号大小

（4）拖动序号，近似排成一列。此时的序号可以不按顺序排列，如图 8-72 所示。

（5）选取"菜单 | GC 工具箱 | 制图工具 | 编辑明细表"命令，在图框中选取明细表，在【编辑零件明细表】对话框中选取"垫块"，单击"上移"⬆，再单击"更新件号" 📇，将"垫块"排在第一位。

（6）采用同样的方法，在【编辑零件明细表】对话框中将"码铁"、"底座"、"推板"、"螺杆"、"螺钉"排第 2~6 位，勾选"☑对齐件号"复选框，"距离"设为 20mm，如图 8-73 所示。

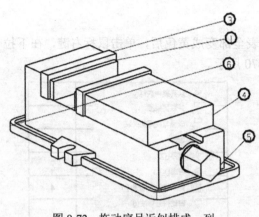

图 8-72 拖动序号近似排成一列

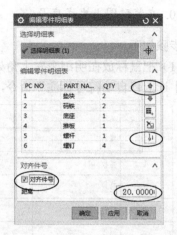

图 8-73 排列序号

（7）单击"确定"按钮，明细表的序号重新排列，如图 8-74 所示，右投影视图上的序号重新按顺序排列，如图 8-75 所示（对于不同的计算机，排列的序号可能不完全相同）。

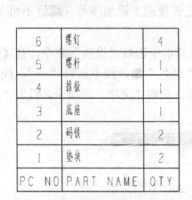

图 8-74 重新排序

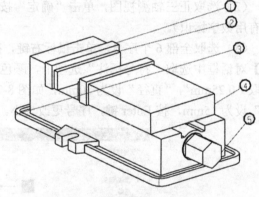

图 8-75 按顺序排序且排列整齐

21. 修改明细表

步骤如下。

（1）在明细表中选择左上角的单元格，单击鼠标右键，在下拉菜单中选取"选择→列"。

（2）再次选择左上角的单元格，单击鼠标右键，在下拉菜单中选取"调整大小"。

（3）在动态框中输入列宽：15，所选取的列宽调整为 15mm。

（4）采用相同的方法，调整第二列宽度为 30mm，第三列宽度为 15mm，将所有行的行高调整为 8mm，如图 8-76 所示。

（5）双击最下面的英文字符，将标题改为"序号"、"零件名称"、"数量"，如图 8-76 所示。

22. 添加零件属性

按如下步骤操作。

（1）选择明细表最右边的单元格→单击鼠标右键→选择"选择"→选取"列"。

（2）再次选择该列，单击鼠标右键→选取"插入"→选取"在右侧插入列"，在明细表的右侧添加一列，如图 8-77 所示。

6	螺钉	4
5	螺杆	1
4	推板	1
3	底座	1
2	码铁	2
1	垫块	2
序号	零件名称	数量

图 8-76　调整列宽、行高与修改标题

6	螺钉	4	
5	螺杆	1	
4	推板	1	
3	底座	1	
2	码铁	2	
1	垫块	2	
序号	零件名称	数量	

图 8-77　在右侧插入一列

（3）在"装配导航器"中选取"底座"，如图 8-78 所示，单击鼠标右键，在下拉菜单中选取"属性"命令。

（4）在【属性】对话框中选取"新建"按钮，"标题/别名"设为"材质"，"值"设为"铸铁"，如图 8-79 所示。

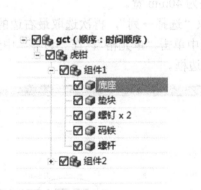

图 8-78　选取"底座"

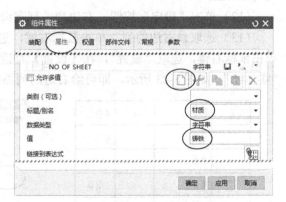

图 8-79　新建组件属性

（5）采用上述方法，给其他零件添加材质属性："推板"的材质为 45#，"垫块"的材质为 45#，"码铁"的材质为 45#，"螺杆"的材质为 40Cr，"螺钉"的材质为 40Cr。

（6）在明细表上选择刚才添加的列，单击鼠标右键，选取"选择"，→选取"列"。

（7）再次选择该列，单击鼠标右键，在下拉菜单中选取"设置"命令，在【设置】对话框中选取"列"，单击"属性名称"旁边的 ✎ 按钮，如图 8-80 所示。

（8）在【属性名称】对话框中选取"材质"，如图 8-81 所示。

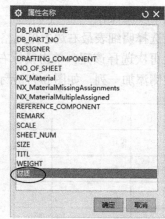

图 8-80　先选取"列"，再单击 按钮　　　　　　图 8-81　选取"材质"

（9）单击"确定"按钮，在明细表空白列中添加零件的材质，如图 8-82 所示（在有的计算机中关于这一列可能没有方框）。

提示：如果此时表格中显示的不是文字，而是####，是因为文字的高度大于表格的行高所致，增大明细表的行高即可显示文字内容。

（10）选取最右边没有方框的列，单击鼠标右键，选取"选择→列"。

（11）再次选最右边的列，单击鼠标右键，选取"调整大小"，在动态框中"列宽"设为 40mm。

（12）单击"确定"按钮，右边列的列宽调整为 40mm 宽。

（13）选取最右边的列，单击鼠标右键，选取"选择→列"，再次选取最右边的列，单击鼠标右键，选取"设置"，在【设置】对话框中单击"单元格"，在"边界"中选择"实体线"，如图 8-83 所示，即可给右边的列添加边框。

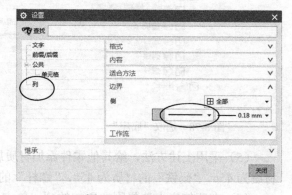

图 8-82　添加"材质"列　　　　　　　图 8-83　【设置】对话框

23. 修改明细表中字型与字体大小

步骤如下。

（1）把鼠标放在明细表左上角处，明细表全部变成黄色后，单击鼠标右键，在下拉菜单中选取"单元格设置"命令。

（2）在【设置】对话框中"文字"选项卡中，颜色选黑色，字体选黑体，"高度"设为 5mm。

（3）按 Enter 键，修改后的明细表如图 8-84 所示。

6	螺钉	4	40Cr
5	螺杆	1	40Cr
4	推板	1	45#
3	底座	1	铸铁
2	码铁	2	45#
1	垫块	2	45#
序号	零件名称	数量	材质

图 8-84　修改后的明细表

（4）单击"保存"按钮，保存文档。

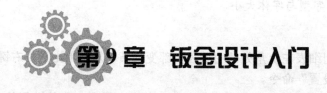

第 9 章　钣金设计入门

本章通过创建几个简单零件的模型，重点讲述 UG 钣金设计的基本命令。

1. 方盒

（1）单击"新建"按钮，在【新建】对话框中"名称"设为"方盒"，"单位"设为"毫米"，选择"钣金"模板，如图 9-1 所示，单击"确定"按钮，进入钣金设计环境。

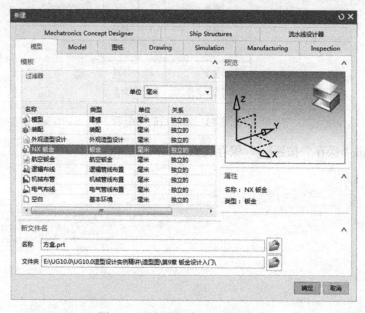

图 9-1　设定【新建】对话框参数

（2）选取"菜单|首选项|钣金"命令，在【钣金首选项】对话框中选中"部件属性"选项卡，把"材料厚度"设为 1.0mm，"折弯半径"设为 2.0 mm，"让位槽深度"设为 3.0mm，"让位槽宽度"设为 2.0 mm；选中"◉中性因子值"并把它设为 0.33，如图 9-2 所示。

（3）选取"菜单|插入|突出块"命令，在【突出块】对话框中"类型"选择"基座"，单击"绘制截面"按钮，以 XOY 平面作为草绘平面，绘制矩形截面（一）（100mm×100 mm），如图 9-3 所示。

（4）单击"完成"按钮，单击"确定"按钮，创建突出块特征，如图 9-4 所示。

图 9-2 设定【钣金首选项】对话框参数

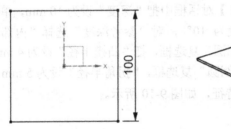

图 9-3 绘制矩形截面

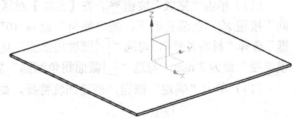

图 9-4 创建突出特征

（5）选取"菜单｜插入｜突出块"命令，在【突出块】对话框中"类型"选择"次要"，单击"绘制截面"按钮，以 *XOY* 平面作为草绘平面，绘制截面（二），如图 9-5 所示。

（6）单击"完成"按钮，单击"确定"按钮，创建突出块次要特征。

（7）采用相同的方法，创建另外三个次要特征，如图 9-6 所示。

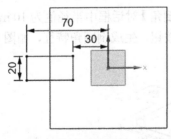

图 9-5 绘制截面（二）

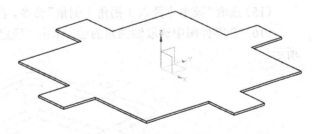

图 9-6 创建次要特征

（8）选取"菜单｜插入｜切割｜法向除料"命令，在【法向除料】对话框中单击"绘制截面"按钮，选取上表面作为草绘平面，绘制一个圆形截面，如图 9-7 所示。

（9）单击"完成草图"按钮 ，在【法向除料】对话框中"切割方法"选择"厚度"，"限制"选择"贯通"。

（10）单击"确定"按钮，创建法向除料特征。

（11）采用相同的方法，创建另外三个法向除料特征，如图9-8所示。

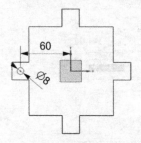

图9-7　绘制圆形截面

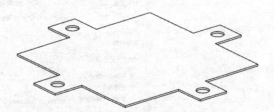

图9-8　创建法向除料特征

（12）选取"菜单｜插入｜冲孔｜凹坑"命令，在【凹坑】对话框中单击"绘制截面"按钮，选取上表面作为草绘平面，创建截面矩形（三）（75mm×75mm），如图9-9所示。

（13）单击"完成"按钮，在【凹坑】对话框中把"深度"设为10 mm，单击"反向"按钮，使箭头朝下，把"侧角"设为10°，对"参考深度"选择"内部"，"侧壁"选择"材料外侧"，勾选"✓凹坑边倒圆"复选框，把"凸模半径"设为4 mm，"凹模半径"设为2 mm，勾选"✓截面拐角倒圆"复选框，"拐角半径"设为5 mm。

（14）单击"确定"按钮，创建凹坑特征，如图9-10所示。

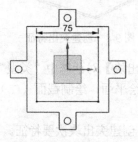

图9-9　绘制截面（三）

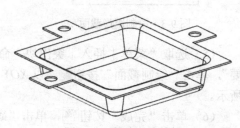

图9-10　创建凹坑特征

（15）选取"菜单｜插入｜拐角｜倒角"命令，在【倒角】对话框中半径值为10 mm。

（16）在零件图中选取倒圆角的边，单击"确定"按钮，生成倒圆角特征，如图9-11所示。

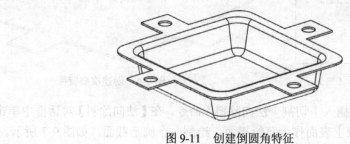

图9-11　创建倒圆角特征

（17）单击"保存"按钮 ，保存文档。

2. 电控盒

（1）单击"新建"按钮 🗋，在【新建】对话框中把"名称"设为"电控盒"，"单位"设为"毫米"，选择"钣金"模板，如图 9-1 所示。单击"确定"按钮，进入钣金设计界面。

（2）选取"菜单｜首选项｜钣金"命令，在【钣金首选项】对话框中选中"部件属性"选项卡，把"材料厚度"设为1.0mm，"折弯半径"设为2.0 mm，"让位槽深度"设为 3.0mm，"让位槽宽度"设为 2.0mm；选中"◉ 中性因子值"并设为 0.33，如图 9-2 所示。

（3）选取"菜单｜插入｜突出块"命令，在【突出块】对话框中对"类型"选择"基座"，单击"绘制截面"按钮 🖼，以 *XOY* 平面作为草绘平面，绘制矩形截面（一）（100mm×100mm），如图 9-3 所示。

（4）单击"完成"按钮 🏁，单击"确定"按钮，创建突出块特征，如图 9-4 所示。

（5）选取"菜单｜插入｜折弯｜弯边"命令，在【弯边】对话框中对"宽度选项"选择"完整"，把"长度"设为25mm。对"匹配面"选择"无"，把"角度"设为90°；对"参考长度"选择"外部"，"内嵌"选择"折弯外侧"，如图 9-12 所示。

（6）选取下边沿线为折弯的边，如图 9-13 所示。

图 9-12　设置【弯边】对话框参数

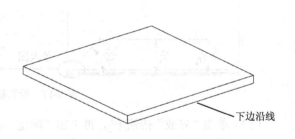

图 9-13　选下边沿线

（7）单击"确定"按钮，创建折弯特征，如图 9-14 所示。

提示：如果折弯的方向不对，那么在【弯边】对话框中单击"反向"按钮 ☒。

（8）选取"菜单｜插入｜折弯｜弯边"命令，选取外面边沿线，如图 9-15 所示。

（9）在【弯边】对话框中对"宽度选项"选择"完整"，把"长度"设为25mm。对"匹配面"选择"无"，把"角度"设为90°。对"参考长度"选择"外部"，"内嵌"选择"折弯外侧"，参考图 9-12。

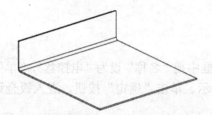

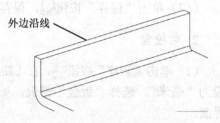

外边沿线

图9-14　创建折弯特征　　　　　　　图9-15　选取外边沿线

（10）在【弯边】对话框中单击"绘制草图"按钮 🔖，如图9-16所示。

图9-16　单击"绘制截面"按钮

（11）绘制一个截面，如图9-17所示。

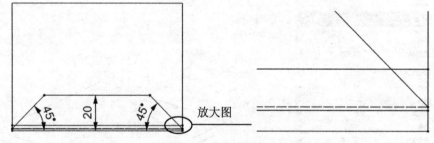

放大图

图9-17　绘制截面

（12）单击"完成"按钮 📛，再单击"确定"按钮，创建折弯特征，如图9-18所示。
（13）采用相同的方法，创建其他三个折弯特征，如图9-19所示。

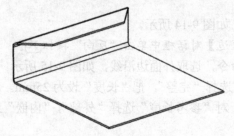

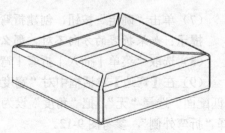

图9-18　创建折弯特征　　　　　　　图9-19　创建其他折弯特征

（14）选取"菜单｜插入｜拐角｜封闭拐角"命令，在【封闭拐角】对话框中，对"类型"选择"封闭和止裂口"，"处理"选择"封闭的"，"重叠"选择"封闭的"，把"缝隙"设为0。

（15）在实体上选取两个相邻的圆弧面为封闭面，如图9-20所示。

（16）单击"确定"按钮，创建封闭拐角特征，如图9-21所示

相邻圆弧面

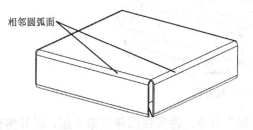 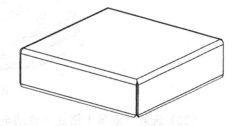

图9-20　选取两个相邻的圆弧面　　　　　图9-21　封闭拐角特征

（17）选取"菜单｜插入｜切割｜法向除料"命令，在【法向除料】对话框中单击"绘制截面"按钮，选取 *ZOX* 平面作为草绘平面，绘制一个截面，如图9-22所示。

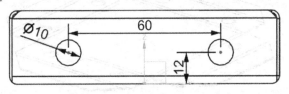

图9-22　绘制截面

（18）单击"完成草图"按钮，在【法向除料】对话框中，对"切割方法"选择"厚度"，"限制"选择"贯通"。

（19）单击"确定"按钮，创建法向除料特征，如图9-23所示。

（20）选取"菜单｜插入｜关联复制｜阵列特征"命令，在【阵列特征】对话框中对"布局"选取"圆形"，对"指定矢量"选取"ZC↑"，创建圆形阵列特征，如图9-24所示。

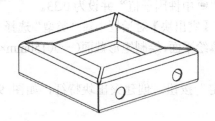 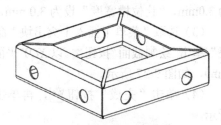

图9-23　创建法向除料特征　　　　　图9-24　创建阵列特征

（21）选取"菜单｜插入｜展平图样｜展平实体"命令，选取中间的大平面为固定面，单击"确定"按钮，展开实体，如图9-25所示。此时，实体图与展开图在一起。

提示：如果不能展开，请在"部件导航器"中双击 ☑ 🔘 SB 封闭拐角 (10)，在【封闭拐角】对话框中将"处理"改为"开放的"。用同样的方法，修改其他三个外拐角特征。

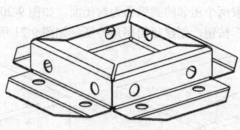

图 9-25　展开图

（22）选取"菜单｜格式｜移动至图层"命令，将实体图移至第 2 层，展开图在第 1 层。

（23）关闭第 2 层，只显示第 1 层的展开图，如图 9-26 所示。

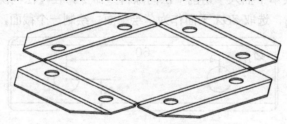

图 9-26　只显示展开图

3. 百叶箱

（1）单击"新建"按钮 🗋，在【新建】对话框中"名称"设为"百叶箱"，"单位"设为"毫米"，选择"钣金"模板，参考图 9-1。单击"确定"按钮，进入钣金设计界面。

（2）选取"菜单｜首选项｜钣金"命令，在【钣金首选项】对话框中选中"部件属性"选项卡，把"材料厚度"设为 0.5mm，"折弯半径"设为 2.0 mm，"让位槽深度"设为 3.0mm，"让位槽宽度"设为 3.0 mm，选中"🔘中性因子值"并设为 0.33。

（3）选取"菜单｜插入｜突出块"命令，在【突出块】对话框中对"类型"选择"基座"，单击"绘制截面"按钮 🔳。以 *XOY* 平面作为草绘平面，绘制矩形截面（一）（150mm×100mm），如图 9-27 所示。

（4）单击"完成"按钮 🔳，再单击"确定"按钮，创建突出块特征，如图 9-28 所示。

（5）选取"菜单｜插入｜冲孔｜凹坑"命令，在【凹坑】对话框中单击"绘制截面"按钮 🔳，选取上面作为草绘平面，创建截面矩形（二）（120mm×70mm），如图 9-29 所示。

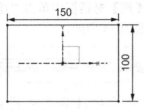

图 9-27　绘制截面（一）

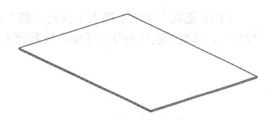

图 9-28　创建突出特征

（6）单击"完成"按钮 ![], 在【凹坑】对话框中把"深度"设为 10mm。单击"反向"按钮 ![], 使箭头朝下, 把"侧角"设为 10°, 对"参考深度"选择"内部", "侧壁"选择"材料外侧"。勾选"![] 凹坑边倒圆"复选框, 把"凸模半径"设为 2 mm, "凹模半径"设为 1.5mm; 勾选"![] 截面拐角倒圆"复选框, "拐角半径"设为 10 mm。

（7）单击"确定"按钮, 创建凹坑特征, 如图 9-30 所示。

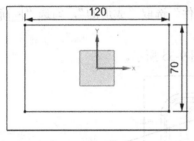

图 9-29　绘制截面（二）

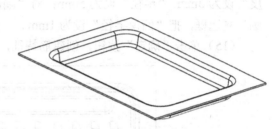

图 9-30　创建凹坑特征

（8）在主菜单中选取"插入 | 冲孔 | 百叶窗"命令, 在【百叶窗】对话框中单击"绘制截面"按钮 ![], 选取坑的底面作为草绘平面, 绘制一条直线, 如图 9-31 所示。

（9）单击"完成"按钮 ![], 在【百叶窗】对话框中把"深度"设为 3mm, "宽度"设为 5mm, 对"百叶窗形状"选择"成形的"选项。

（10）单击"确定"按钮, 创建百叶窗特征, 如图 9-32 所示。

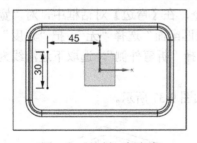

图 9-31　绘制一条直线

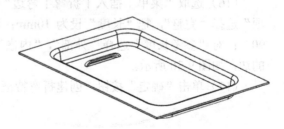

图 9-32　创建百叶窗特征

（11）选取"菜单 | 插入 | 关联复制 | 阵列特征"命令, 在【阵列】对话框中, 对"布局"选择"线性" ![], 对"指定矢量"选择"XC ↑", "间距"选择"数量和节距"; 把"数量"设为 9, "节距"设为 12 mm。

（12）选取"百叶窗特征", 单击"确定"按钮, 创建阵列特征, 如图 9-33 所示。

（13）选取"菜单｜插入｜冲孔｜筋"命令，在【筋】对话框中单击"绘制截面"按钮![icon]，选取平面作为草绘平面，绘制两条直线，如图9-34所示。

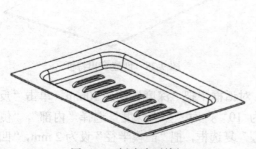

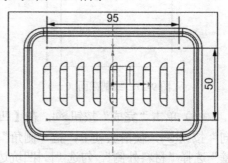

图9-33　创建阵列特征　　　　　　　　　　　图9-34　绘制两条直线

（14）单击"完成"按钮![icon]，在【筋】对话框中对"横截面"选取"圆弧"，把"深度"设为3mm，"半径"设为5mm；对"端部条件"选取"成形的"，勾选"![icon]筋边导圆"复选框，把"凹模半径"设为1mm。

（15）单击"确定"按钮，创建筋特征，如图9-35所示。

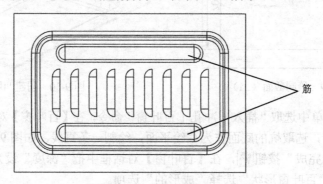

筋

图9-35　创建筋特征

（16）选取"菜单｜插入｜折弯｜弯边"命令，在【弯边】对话框中，对"宽度选项"选择"完整"，把"长度"设为10mm；对"匹配面"选择"无"，把"角度"设为90°；对"参考长度"选择"外部"，"内嵌"选择"折弯外侧"，选取下边沿线为折弯的边，如图9-36所示。

（17）单击"确定"按钮，创建折弯特征，如图9-37所示。

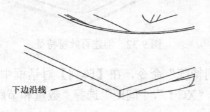

下边沿线

图9-36　选下边沿线　　　　　　　　　　　图9-37　创建折弯特征

（18）采用相同的方法，创建其他三个折弯特征。

（19）选取"菜单｜插入｜拐角｜封闭拐角"命令，在【封闭拐角】对话框中，对"类型"选择"封闭和止裂口"，"处理"选择"封闭的"，"重叠"选择"封闭的"，把"缝隙"设为 0。

（20）在实体上选取两个相邻的圆弧面为封闭面，如图 9-38 所示。

（21）单击"确定"按钮，创建封闭拐角特征，如图 9-39 所示。

选取圆弧面

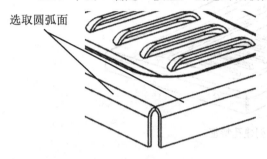

图 9-38　选取两个相邻的圆弧面　　　　　图 9-39　创建封闭拐角特征

（22）采用相同的方法，创建其他三个封闭拐角特征。

（23）选取"菜单｜插入｜设计特征｜孔"命令，在【孔】对话框中单击"绘制截面"按钮，选取侧面作为草绘平面，绘制 3 个点，如图 9-40 所示。

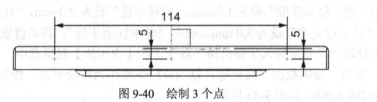

图 9-40　绘制 3 个点

（24）单击"完成"按钮，在【孔】对话框中，对"类型"选取"常规孔"，"孔方向"选择"垂直于面"，"形状"选取"简单孔"；把"直径"设为 4mm，"深度限制"选取"值"，把"深度"设为 2mm，对"布尔"选取"求差"。

（25）单击"确定"按钮，创建孔特征，如图 9-41 所示。

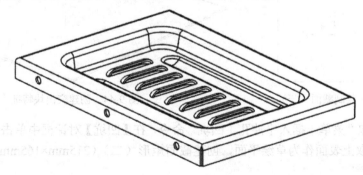

图 9-41　创建孔特征

（26）选取"菜单｜插入｜关联复制｜镜像特征"命令，以 *ZOX* 平面作为镜像平面，镜像孔特征。

（27）采用相同的方法，在另一方向创建两个孔，两个孔的中心距为 60mm，如图 9-42 所示。

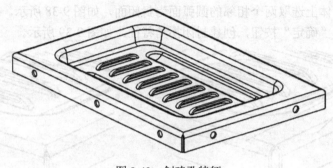

图 9-42　创建孔特征

4. 洗菜盆

（1）单击"新建"按钮，在【新建】对话框中把"名称"设为"洗菜盆"，"单位"设为"毫米"。选择"钣金"行，如图 9-1 所示，单击"确定"按钮，进入钣金设计界面。

（2）选取"菜单｜首选项｜钣金"命令，在【钣金首选项】对话框中选中"部件属性"选项，把"材料厚度"设为 1.0mm，"折弯半径"设为 2.0 mm，"让位槽深度"设为3.0mm，"让位槽宽度"设为 3.0 mm。选中"◉ 中性因子值"，将其值设为 0.33。

（3）选取"菜单｜插入｜突出块"命令，在【突出块】对话框中，对"类型"选择"基座"，单击"绘制截面"按钮，以 *XOY* 平面作为草绘平面，绘制矩形截面（一）（250mm×200 mm），如图 9-43 所示。

（4）单击"完成"按钮，再单击"确定"按钮，创建突出块特征，如图 9-44 所示。

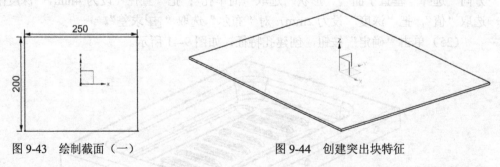

图 9-43　绘制截面（一）　　　　　　图 9-44　创建突出块特征

（5）选取"菜单｜插入｜冲孔｜凹坑"命令，在【凹坑】对话框中单击"绘制截面"按钮，选取上表面作为草绘平面，创建截面矩形（二）（215mm×165mm），如图 9-45 所示。

（6）单击"完成"按钮![icon]，在【凹坑】对话框中把"深度"设为 10 mm，单击"反向"按钮![icon]，使箭头朝下，把"侧角"设为 5°，对"参考深度"选择"内部"，"侧壁"选择"材料外侧"，勾选"![check]凹坑边倒圆"复选框，把"凸模半径"设为 2mm，"凹模半径"设为 3mm，勾选"![check]截面拐角倒圆"复选框，"拐角半径"设为 10mm。

（7）单击"确定"按钮，创建凹坑特征（一），如图 9-46 所示。

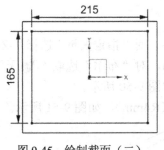
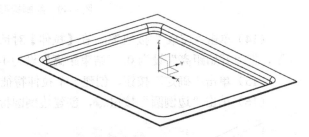

图 9-45　绘制截面（二）　　　　　图 9-46　创建凹坑特征（一）

（8）选取"菜单｜插入｜冲孔｜凹坑"命令，在【凹坑】对话框中单击"绘制截面"按钮![icon]，选取凹坑底面作为草绘平面，创建截面矩形（三）（215mm×165mm），如图 9-47 所示。

（9）单击"完成"按钮![icon]，在【凹坑】对话框中，把"深度"设为 50 mm，单击"反向"按钮![icon]，使箭头朝下，把"侧角"设为 2°，对"参考深度"选择"内部"，"侧壁"选择"材料外侧"。勾选"![check]凹坑边倒圆"复选框，"凸模半径"设为 3mm，"凹模半径"设为 3mm。勾选"![check]截面拐角倒圆"复选框，"拐角半径"设为 15mm。

（10）单击"确定"按钮，创建凹坑特征（二），如图 9-48 所示。

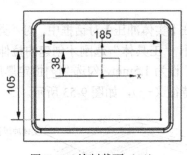
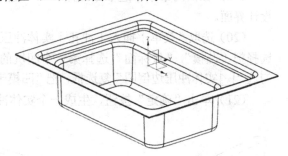

图 9-47　绘制截面（三）　　　　　图 9-48　创建凹坑特征（二）

（11）在横向菜单中选取"应用模块"选项卡，再单击"建模"按钮![icon]，进入建模环境。

（12）选取"菜单｜格式｜图层设置"命令，设定第 2 层为工作图层，并隐藏第 1 图层。

（13）单击"拉伸"按钮![icon]，以 *XOY* 平面作为草绘平面，绘制一个矩形截面（170mm×8mm），如图 9-49 所示。

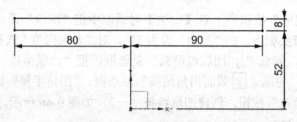

图 9-49　绘制矩形截面

（14）单击"完成"按钮▓，在【拉伸】对话框中，对"指定矢量"选择"-ZC↓"，把"开始距离"设为 0，"结束距离"设为 14mm，对"布尔"选取"⬤无"。

（15）单击"确定"按钮，创建一个拉伸特征，如图 9-50 所示。

（16）单击"边倒圆"按钮🔲，创建边倒圆特征（R4mm），如图 9-51 所示。

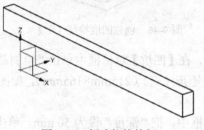

图 9-50　创建拉伸特征

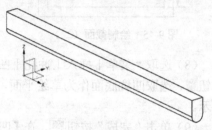

图 9-51　创建边倒圆特征（一）

（17）再次单击"边倒圆"按钮🔲，创建边倒圆特征（R4mm），如图 9-52 所示。

（18）选取"菜单｜格式｜图层设置"命令，设定第 1 层为工作图层。

（19）在横向菜单中选取"应用模块"选项卡，再单击"钣金"按钮🔲，进入钣金设计界面。

（20）选取"菜单｜插入｜冲孔｜实体冲压"，在【实体冲压】对话框中，对"类型"选择把"凸模"，"目标面"选择第一个凹坑的表面，"工具体"选刚才创建的拉伸体，勾选"☑实体冲压边倒圆"复选框，把"凹模半径"设为 1.5mm，勾选"☑恒定厚度"。

（21）单击"确定"按钮，生成一个实体冲压特征（一），如图 9-53 所示。

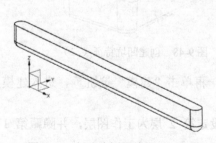

图 9-52　创建边倒圆特征（二）

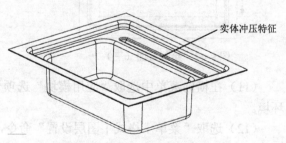

实体冲压特征

图 9-53　创建实体冲压特征（一）

（22）选取"菜单｜插入｜冲孔｜筋"命令，在【筋】对话框中单击"绘制截面"按钮![icon]，选取第一个凹坑的上表面作为草绘平面，绘制一条直线，如图 9-54 所示。

（23）单击"完成草图"按钮![icon]，在【冲压除料】对话框中对"横截面"选取"圆弧"，把"深度"设为 3mm，"半径"设为 5mm。勾选"![✓]筋边导圆"复选框，把"凹模半径"设为 1.5mm。

（24）单击"确定"按钮，创建筋特征，如图 9-55 所示。

提示：读者可以自行比较筋特征与实体冲压特征的区别。

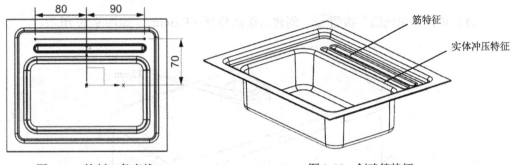

图 9-54　绘制一条直线　　　　　　　　　　图 9-55　创建筋特征

（25）在横向菜单中选取"应用模块"选项卡，再单击"建模"按钮![icon]，进入建模界面。

（26）单击"拉伸"按钮![icon]，以第二个凹坑底面面作为草绘平面，绘制一个圆形截面（ϕ35mm），如图 9-56 所示。

（27）单击"完成"按钮![icon]，在【拉伸】对话框中对"指定矢量"选择"-ZC↓"![icon]：把"开始距离"设为 0，"结束距离"设为 10mm，"布尔"选取"![icon]无"。

（28）单击"确定"按钮，创建一个拉伸特征，如图 9-57 所示。

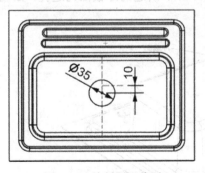
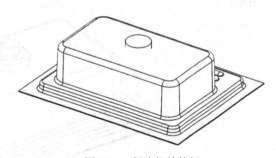

图 9-56　绘制圆形截面　　　　　　　　　　图 9-57　创建拉伸特征

（29）选取"菜单｜插入｜设计特征｜圆柱体"命令，创建一个圆柱体（直径为ϕ16mm，高度为 10mm），如图 9-58 所示。

（30）选取"菜单｜插入｜组合｜![icon]合并"命令，合并两个圆柱体。

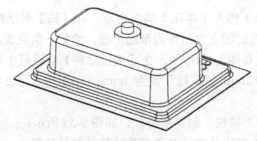

图 9-58　创建圆柱体

（31）单击"边倒圆"按钮 🔳，创建边倒圆特征（R2mm），如图 9-59 所示。

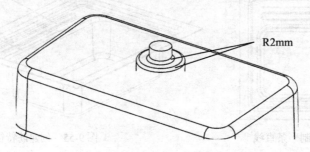

图 9-59　创建边倒圆特征

（32）在横向菜单中单击"应用模块"，再单击"钣金"按钮 🔳，进入钣金设计界面。

（33）选取"菜单｜插入｜冲孔｜实体冲压"命令，在【实体冲压】对话框中对"类型"选择"凸模"，"目标面"选取凹坑的内表面，"工具体"选取刚创建的圆柱体。对"冲裁面"选取圆柱体的端面，勾选"☑实体冲压边倒圆"复选框，把"凹模半径"设为 R1mm，勾选"☑恒定厚度"。

（34）单击"确定"按钮，创建实体冲压特征（二），所选的冲裁面为通孔，如图 9-60 所示。

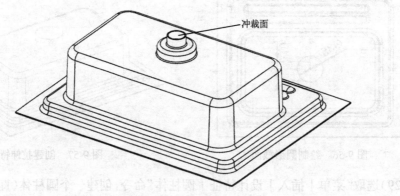

图 9-60　实体冲压特征

（35）在横向菜单中选取"应用模块"选项卡，再单击"建模"按钮，进入建模环境。

（36）单击"拉伸"按钮，以第一个凹坑底面作为草绘平面，绘制一个圆形截面（ϕ20mm），如图 9-61 所示。

（37）单击"完成"按钮，在【拉伸】对话框中对"指定矢量"选择"-ZC↓"；把"开始距离"设为 0，"结束距离"设为 10mm，对"布尔"选取"无"。

（38）单击"确定"按钮，创建一个拉伸特征，如图 9-62 所示。

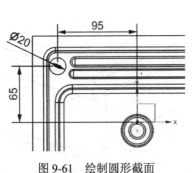

图 9-61　绘制圆形截面

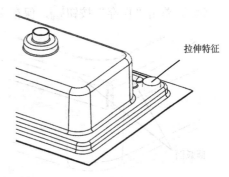

图 9-62　创建拉伸特征

（39）在横向菜单中选取"应用模块"选项卡，再单击"钣金"按钮，进入钣金设计界面。

（40）选取"菜单｜插入｜冲孔｜实体冲压"，在【实体冲压】对话框中"类型"选择"凸模"，对"目标面"选第一个凹坑的表面，"工具体"选刚才创建的拉伸体，勾选"☑实体冲压边倒圆"复选框，把"凹模半径"设为 1.5mm，勾选"☑恒定厚度"。

（41）单击"确定"按钮，生成一个实体冲压特征（三），如图 9-63 所示。

　　提示：因为没有选冲裁面，这个实体冲压特征没有创建通孔。

（42）选取"菜单｜插入｜折弯｜弯边"命令，在【弯边】对话框中对"宽度选项"选择"完整"，把"长度"设为 10mm；对"匹配面"选择"无"，把"角度"设为 90°；对"参考长度"选择"外部"，"内嵌"选择"折弯外侧"，参考图 9-12。

（43）选取下边沿线为折弯的边。

（44）单击"确定"按钮，创建折弯特征，如图 9-64 所示。

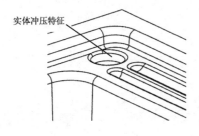

图 9-63　实体冲压特征（三）

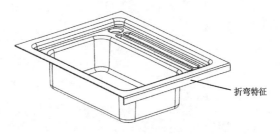

图 9-64　创建折弯特征

提示： 如果折弯的方向不对，那么在【弯边】对话框中单击"反向"按钮☒。

（45）采用相同的方法，创建其他三个折弯特征。

（46）选取"菜单｜插入｜拐角｜封闭拐角"命令，在【封闭拐角】对话框中对"类型"选择"封闭和止裂口"，对"处理"选择"封闭的"，"重叠"选择"封闭的"，"缝隙"设为0。

（47）在实体上选取两个相邻的圆弧面为封闭面，如图9-65所示。

（48）单击"确定"按钮，创建封闭拐角特征，如图9-66所示

（49）单击"保存"按钮💾，保存文档。

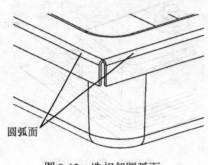

圆弧面

图 9-65　选相邻圆弧面

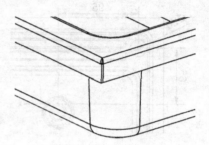

图 9-66　创建封闭特征

第10章 综合训练

本章以几个简单的造型为例，详细介绍 UG 复杂零件设计中旋转、拔模、拉伸、抽壳、切除、阵列、倒圆角和面倒圆等特征的基本方法。

1. 电话筒

产品图如图 10-1 所示。

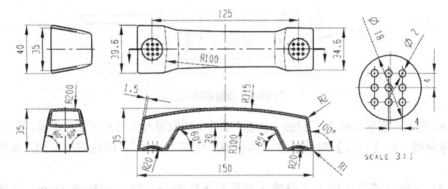

图 10-1　产品图

（1）启动 NX 10.0，单击"新建"按钮，在【新建】对话框中把"名称"设为"电话筒"。"单位"选择"毫米"，选取"模型"模板，"文件夹"选取"D:\"。

（2）单击"确定"按钮，进入建模环境。

（3）单击"拉伸"按钮，在【拉伸】对话框中单击"绘制截面"按钮，选取 *XOY* 平面作为草绘平面，*X* 轴作为水平参考，绘制一个截面，如图 10-2 所示。

（4）单击"完成"按钮，在【拉伸】对话框中对"指定矢量"选"ZC↑"，把"开始距离"设为 0，"结束距离"设为 30mm；对"布尔"选取"无"，"拔模"选取"从起始限制"，"角度"设为10°。

（5）单击"确定"按钮，创建拉伸特征，如图 10-3 所示。

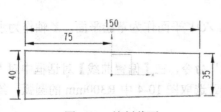

图 10-2　绘制截面

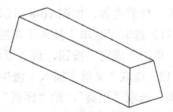

图 10-3　创建拉伸特征

（6）选取"菜单｜插入｜草图"命令，以 *ZOX* 平面作为草绘平面，绘制一个截面，如图 10-4 所示。

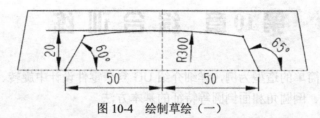

图 10-4　绘制草绘（一）

（7）选取"菜单｜插入｜草图"命令，以 *XOY* 平面作为草绘平面，绘制一个圆弧（R100mm），圆弧的中点与草绘（一）的端点重合，如图 10-5 所示。

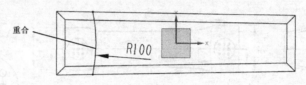

图 10-5　绘制草绘（二）

（8）选取"菜单｜插入｜扫掠｜扫掠"命令，选取草绘（二）为截面曲线，草绘（一）为引导曲线，在【扫掠】对话框中"体类型"选取"片体"，创建扫掠曲面，如图 10-6 所示。

（9）选取"菜单｜插入｜修剪｜延伸片体"命令，将片体延伸 5mm，如图 10-7 所示。

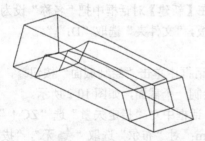

图 10-6　创建扫掠曲面

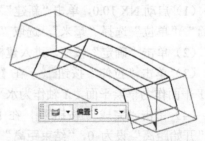

图 10-7　将片体延伸 5mm

（10）选取"菜单｜插入｜修剪｜修剪体"命令，选取实体作为目标体，片体作为工具体，修剪实体，如图 10-8 所示。

（11）选取"菜单｜插入｜草图"命令，以 *ZOX* 平面作为草绘平面，*X* 轴作为水平参考，单击"确定"按钮，进入草绘模式。

（12）选取"菜单｜插入｜派生曲线｜偏置"命令，在【偏置曲线】对话框中对"偏置类型"选取"距离"，把"距离"设为 15mm。选取图 10-4 中 R300mm 的圆弧，绘制一个截面，如图 10-9 所示。

172

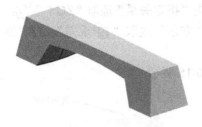

图 10-8　修剪实体

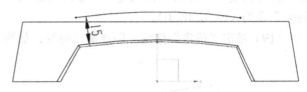

图 10-9　创建偏置曲线

（13）选取"菜单 | 插入 | 草图"命令，以 *ZOY* 平面作为草绘平面，*Y* 轴作为水平参考，绘制一条圆弧（R200mm），如图 10-10 所示。

（14）选取"菜单 | 插入 | 扫掠 | 扫掠"命令，选取图 10-10 的圆弧为截面曲线，图 10-9 的圆弧为引导曲线。在【扫掠】对话框中"体类型"选取"片体"选项，创建扫掠曲面，如图 10-11 所示。

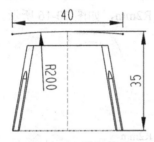

图 10-10　绘制截面

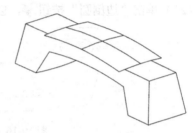

图 10-11　创建扫掠曲面

（15）选取"菜单 | 插入 | 同步建模 | 替换面"命令，选取实体的上表面作为"要替换的面"；选取扫掠曲面作为替换面，创建替换特征，如图 10-12 所示。

（16）按住键盘的 Ctrl+W 组合键，在【显示和隐藏】对话框中单击"草图"和"片体"旁边的"–"，如图 10-13 所示，隐藏曲面和草绘曲线。

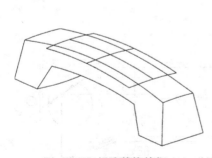

图 10-12　创建替换特征

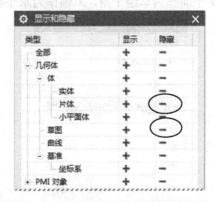

图 10-13　单击"草图"和"片体"旁边的"-"

（17）选取"菜单 | 插入 | 设计特征 | 旋转"命令，在【旋转】对话框中单击"绘制截面"按钮 ，选取 *ZOX* 平面作为草绘平面，绘制一个截面，如图 10-14 所示。

（18）单击"完成"按钮，在【旋转】对话框中对"指定矢量"选取"ZC↑"；把"开始角度"设为0，"结束角度"设为360°；对"布尔"选取"求差"，把"旋转点"设为（62.5，0，0）。

（19）单击"确定"按钮，创建旋转特征，如图10-15所示。

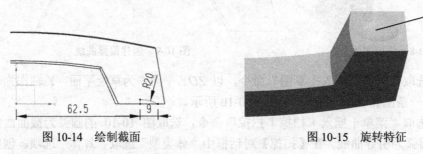

图10-14　绘制截面　　　　　　　图10-15　旋转特征

（20）采用相同的方法，在另一端创建旋转特征。

（21）单击"边倒圆"按钮，创建边倒圆特征R2mm，如图10-16所示。

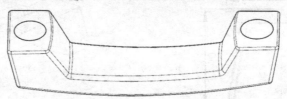

图10-16　创建边倒圆特征R2mm

（22）选取"菜单｜插入｜偏置/缩放｜抽壳"命令，在【抽壳】对话框中"类型"选取"对所有面抽壳"选项，"厚度"设为1.5mm，如图10-17所示。

（23）单击"确定"按钮，创建抽壳特征。

（24）单击"拉伸"按钮，在【拉伸】对话框中单击"绘制截面"按钮，选取XOY平面作为草绘平面，X轴作为水平参考，绘制一个截面，如图10-18所示。

图10-17　设置【抽壳】对话框参数

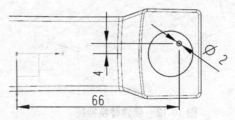

图10-18　绘制截面

（25）单击"完成"按钮，在【拉伸】对话框中"指定矢量"选"ZC↑"，把"开始距离"设为 0，"结束距离"设为 5mm，对"布尔"选取"求差"。

（26）单击"确定"按钮，创建拉伸特征，如图 10-19 所示。

（27）选取"菜单｜插入｜关联复制｜阵列特征"命令，在【阵列特征】对话框中"布局"选取"线性"，在"方向 1"中，"指定矢量"选取"XC↑"，对"间距"选取"数量和节距"，把"数量"设为 3，"节距"设为—4mm，勾选"使用方向 2"复选框，在"方向 2"中，对"指定矢量"选取"YC↑"，"间距"选取"数量和节距"，把"数量"设为 3，"节距"设为—4mm。

（28）单击"确定"按钮，创建阵列特征，如图 10-20 所示。

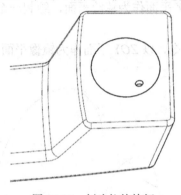
图 10-19 创建拉伸特征

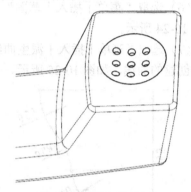
图 10-20 创建阵列特征

（29）采用相同的方法，在另一端创建旋转特征。

（30）单击"保存"按钮，保存文档。

2. 箭头

（1）启动 NX10.0，单击"新建"按钮，在【新建】对话框中"名称"设为"箭头"，"单位"选择"毫米"，选取"模型"模板，"文件夹"选取"D：\"。

（2）单击"确定"按钮，进入建模环境。

（3）选取"菜单｜插入｜草图"命令，以 ZOX 平面作为草绘平面，以原点为圆心，绘制一个半圆，如图 10-21 所示，创建截面（一）。

（4）选取"菜单｜插入｜基准/点｜基准平面"命令，在【基准平面】对话框中"类型"选取"按某一距离"，创建一个基准平面，与 ZOX 平面相距 60mm，如图 10-22 所示。

（5）选取"菜单｜插入｜草图"命令，以刚才创建的基准平面作为草绘平面，以原点为圆心，绘制一个半圆，如图 10-23 所示，创建截面（二）。

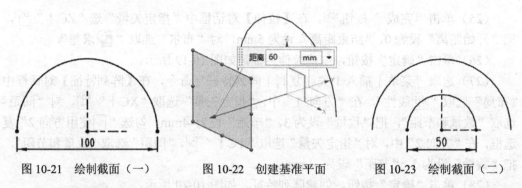

图 10-21 绘制截面（一）　　　　图 10-22 创建基准平面　　　　图 10-23 绘制截面（二）

（6）选取"菜单｜插入｜草图"命令，以 *XOY* 平面作为草绘平面，绘制一个截面，如图 10-24 所示。

（7）选取"菜单｜插入｜派生曲线｜镜像"命令，以 *ZOY* 平面作为镜像平面，镜像刚才创建的曲线，如图 10-25 所示。

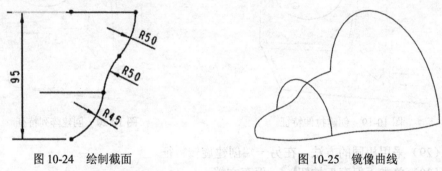

图 10-24 绘制截面　　　　　　　　　　　　图 10-25 镜像曲线

（8）选取"菜单｜插入｜基准/点｜点"命令，在【点】对话框中"类型"选取" <kbd>✝</kbd> 交点"，选取 *ZOY* 平面和截面（一）、截面（二）创建两个交点，如图 10-26 所示。

（9）选取"菜单｜插入｜草图"命令，以 *ZOY* 平面作为草绘平面，经过图 10-26 所创建的两个点，绘制一个截面，如图 10-27 所示。

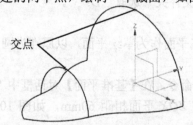

图 10-26 创建 *ZOY* 平面与截面（一）和
　　　　　（二）的交点

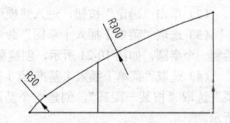

图 10-27 绘制截面

（10）在主菜单中选取"插入｜曲格曲面｜通过曲线网格"命令。

（11）选取主曲线（1）、主曲线（2）、端点为主曲线（3）（选取端点时，请单击"点对话框中"按钮，在弹出的【点】对话框中"类型"下拉菜单选择"端点"，再选取曲线的端点）如图 10-28 所示。

（12）选取交叉曲线（1）、交叉曲线（2）、交叉曲线（3），如图 10-29 所示。

（13）单击"确定"按钮，创建曲线网格曲面，如图 10-30 所示。

（14）单击"保存"按钮，保存文档。

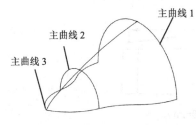
图 10-28　选主曲线

图 10-29　选交叉曲线

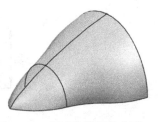
图 10-30　创建曲线网格曲面

3. 塑料外壳

产品图如图 10-31 所示。

图 10-31　产品图

（1）启动 NX10.0，单击"新建"按钮，在【新建】对话框中"名称"设为"外壳"，"单位"选择"毫米"，选取"模型"模板，"文件夹"选取"D：\"。

（2）单击"确定"按钮，进入建模环境。

（3）单击"拉伸"按钮，在【拉伸】对话框中单击"绘制截面"按钮，选取 *XOY* 平面作为草绘平面，*X* 轴作为水平参考，绘制一个截面，如图 10-32 所示。

（4）单击"完成"按钮，在【拉伸】对话框中"指定矢量"选取"ZC↑"，把"开始距离"设为 0，"结束距离"设为 60mm，对"布尔"选取"无"，"拔模"选取"从起始限制"，"角度"设为 2°。

（5）单击"确定"按钮，创建拉伸特征，如图 10-33 所示。

（6）选取"菜单｜插入｜草图"命令，以 *ZOX* 平面作为草绘平面，绘制一个截面（R1000mm），如图 10-34 所示，创建截面（一）。

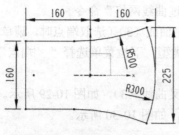

图 10-32　绘制截面（一）

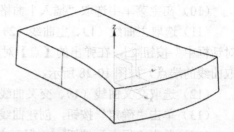

图 10-33　创建拉伸实体

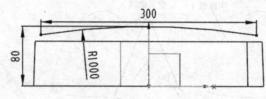

图 10-34　绘制截面（R1000mm）

（7）选取"菜单｜插入｜基准/点｜点"命令，在【点】对话框中"类型"选取"✚交点"，创建 ZOY 平面和刚才创建的草图曲线的交点，如图 10-35 所示。

（8）选取"菜单｜插入｜草图"命令，以 ZOY 平面作为草绘平面，绘制一个截面（R600mm），且上一步创建的交点位于这个截面上，如图 10-36 所示，创建截面（二）。

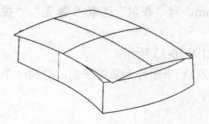

图 10-35　创建交点

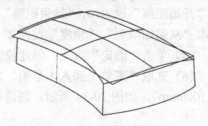

图 10-36　绘制截面（二）

（9）选取"菜单｜插入｜扫掠｜扫掠"命令，选取草绘（一）为截面曲线，草绘（二）为引导曲线，在【扫掠】对话框中"体类型"选取"片体"，创建扫掠曲面，如图 10-37 所示。

（10）选取"菜单｜插入｜同步建模｜替换面"命令，选取实体的上表面作为"要替换的面"，选取扫掠曲面作为替换面，创建替换特征，如图 10-38 所示。

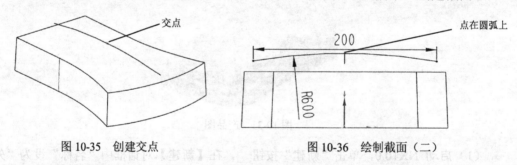

图 10-37　创建扫掠曲面　　　　　　　　　　图 10-38　创建替换特征

（11）选取"菜单 | 格式 | 移动至图层"命令，将扫掠曲面、草绘（一）、草绘（二）移至图层 2。

（12）选取"菜单 | 格式 | 图层设置"命令，取消"□2"前面的"√"，隐藏第2 层。

（13）单击"边倒圆"按钮，创建边倒圆特征（R50mm 和 R25mm），如图 10-39所示。

（14）按如下方式创建变圆角倒圆特征：

第 1 步：单击"边倒圆"按钮，选取实体上表面的边线。

第 2 步：在【边倒圆】对话框中"指定新位置"选取"端点"按钮，如图 10-40所示。

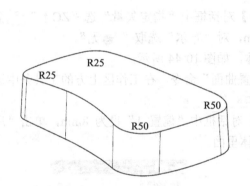

图 10-39　创建倒圆特征　　　　图 10-40　"指定新位置"选取"端点"按钮

第 3 步：选取变圆角的节点 A，输入不同的圆角值 R10mm；选取 B 点，输入 R25mm；选取 C 点，输入 R35mm；选取 D 点，输入 R20mm，如图 10-41 所示。

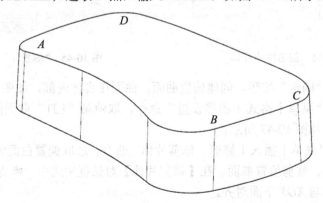

图 10-41　变圆角的节点，输入不同的圆角值

第 4 步：单击"确定"按钮，创建变圆角特征，如图 10-42 所示。

（15）选取"菜单｜格式｜图层设置"命令，设定第 3 层为工作图层。

（16）单击"拉伸"按钮 📷，在【拉伸】对话框中单击"绘制截面"按钮 ✍，选取 XOY 平面作为草绘平面，X 轴作为水平参考，绘制两条圆弧（R150mm），如图 10-43 所示。

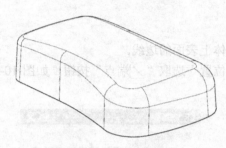

图 10-42　创建变圆角特征

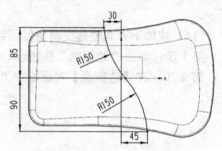

图 10-43　绘制两条圆弧

（17）单击"完成"按钮 📷，在【拉伸】对话框中"指定矢量"选"ZC↑" 🔼，把"开始距离"设为 0，"结束距离"设为 80mm，对"布尔"选取" 🔸无"。

（18）单击"确定"按钮，创建拉伸片体，如图 10-44 所示。

（19）选取"菜单｜插入|偏置/缩放｜偏置曲面"命令，在工作区上方的工具条中选取"相切面"选项 📷 ▾ 📷 📷 📷 ▾ 🔲 🔲 📷 相切面　　▾ ⇨ 📷 ✎ ╱ ⌒。

（20）选取实体的表面，在【偏置曲面】对话框中"偏置 1"设为 8mm，单击"反向"按钮，如图 10-45 所示，使箭头朝向实体里面。

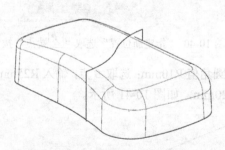

图 10-44　创建拉伸片体

图 10-45　"偏置 1"设为 8mm

（21）单击"确定"按钮，创建偏置曲面，曲面在实体内部，如图 10-46 所示。

（22）选取"菜单｜格式｜图层设置"命令，取消第"□1"前面的"√"，只显示第 3 层的曲面，如图 10-47 所示。

（23）选取"菜单｜插入｜修剪｜修剪片体"命令，选取偏置曲面为目标片体，XOY 平面作为工具体，修剪偏置曲面，在【修剪片体】对话框中选中"◉保留"单选框，使偏置曲面的口部与 XOY 平面对齐。

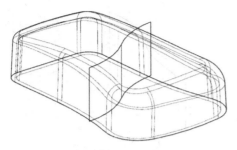

图 10-46　创建偏置曲面

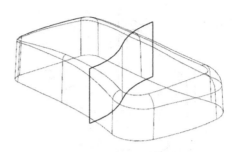

图 10-47　只显示曲面

（24）选取"菜单｜插入｜修剪｜修剪片体"命令，选取偏置曲面为目标片体，拉伸曲面作为工具体，在【修剪片体】对话框中选中"◉ 保留"单选框，修剪偏置曲面，如图 10-48 所示（如果修剪结果不符合，在【修剪片体】对话框中选中"◉ 放弃"单选框）。

（25）选取"菜单｜插入｜修剪｜修剪片体"命令，选取拉伸曲面为目标片体，偏置曲面作为工具体，在【修剪片体】对话框中选中"◉ 保留"单选框，修剪偏置曲面，如图 10-49 所示（如果修剪结果不符合，在【修剪片体】对话框中选中"◉ 放弃"单选框）。

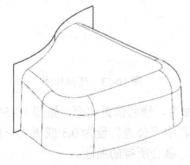

图 10-48　修剪片体

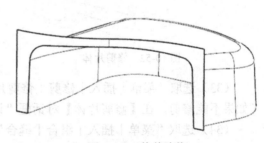

图 10-49　修剪片体

（26）选取"菜单｜插入｜组合｜缝合"命令，缝合所有的曲面。

（27）选取"菜单｜插入|偏置/缩放｜偏置曲面"命令，在工作区上方的工具条中选取"单个面"选项 ⊞▾ ▾ ⚲ ▾ 🔲 ▾ ◉ 🗋 单个面 　　　▾ ➡ ⋈ ╱ ╲ 。

（28）选取实体的表面，在【偏置曲面】对话框中"偏置 1"设为 30mm，单击"反向"按钮，使箭头朝向实体里面。

（29）单击"确定"按钮，创建偏置曲面，曲面在实体内部，如图 10-50 所示。

（30）选取"菜单｜插入｜修剪｜延伸片体"命令，将刚创建的片体四周延伸 40mm，如图 10-51 所示。

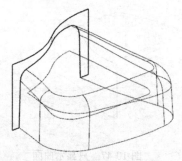

图 10-50　创建偏置曲面

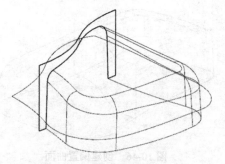

图 10-51　将片体延伸 40mm

（31）选取"菜单｜插入｜修剪｜修剪片体"命令，修剪偏置曲面，如图 10-52 所示（如果修剪结果不符合，在【修剪片体】对话框中选中"◉放弃"单选框）。

（32）选取"菜单｜插入｜修剪｜延伸片体"命令，将片体延伸 20mm，如图 10-53 所示。

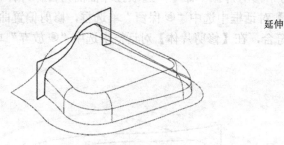

图 10-52　修剪片体

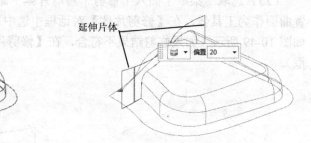

图 10-53　延伸片体

（33）选取"菜单｜插入｜修剪｜修剪片体"命令，修剪偏置曲面，如图 10-54 所示（如果不能修剪，在【修剪片体】对话框"设置"栏中"公差"设为 0.3 或更大一些）。

（34）选取"菜单｜插入｜组合｜缝合"命令，缝合所有的曲面。

（35）选取"菜单｜格式｜图层设置"命令，双击"□1"，设定第 1 层为工作图层。

（36）选取"菜单｜插入｜修剪｜修剪体"命令，选取实体作为目标体，片体作为工具体，修剪实体，如图 10-55 所示。

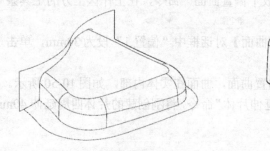

图 10-54　修剪片体

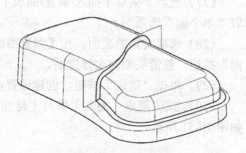

图 10-55　修剪实体

（37）选取"菜单｜格式｜图层设置"命令，取消第"□3"前面的"√"，只显示第 1 层的实体，如图 10-56 所示。

（38）选取"菜单｜插入｜草图"命令，以 *XOY* 平面作为草绘平面，绘制截面（一），如图 10-57 所示。

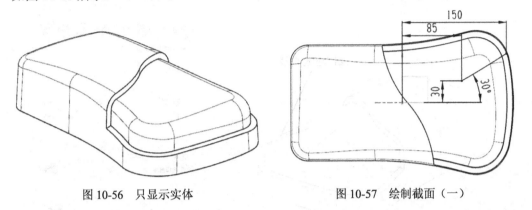

图 10-56　只显示实体　　　　　　　　　图 10-57　绘制截面（一）

（39）选取"菜单｜插入｜草图"命令，以 *ZOX* 平面作为草绘平面，绘制截面（二），如图 10-58 所示。

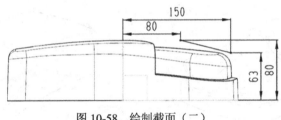

图 10-58　绘制截面（二）

（40）选取"菜单｜插入｜派生曲线｜组合投影"命令，创建截面（一）与截面（二）的组合投影曲线，如图 10-59 所示。

（41）选取"菜单｜插入｜扫掠｜截面"命令，在【剖切截面】对话框中"类型"选取"圆形"，对"模式"选取"中心半径"，"规律类型"选取"恒定"，"值"设为 8mm，"脊线"选取"◉ 按曲线"，如图 10-60 所示。

（42）单击"确定"按钮，创建扫掠截面特征，如图 10-61 所示。

（43）选取"菜单｜插入｜组合｜减去"命令，选取实体作为目标体，扫掠特征作为工具体，创建减去特征，如图 10-62 所示。

（44）选取"格式｜图层设置｜移动至图层"命令，将截面（一）、截面（二）和组合投影曲线移至第 3 层，因第 3 层处于关闭状态，所以移到第 3 层后，自动从屏幕消失。

（45）选取"菜单｜插入｜关联复制｜阵列特征"命令，在【阵列特征】对话框中"布局"选取"線性"，在"方向 1"中，对"指定矢量"选取"YC↑"，"间距"选取"数量和节距"，"数量"设为 5，"节距"设为−30mm。

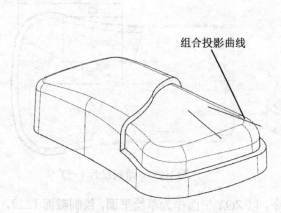

组合投影曲线

图 10-59　创建组合投影曲线　　　　图 10-60　设置【剖切截面】对话框参数

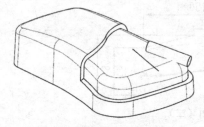

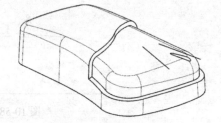

图 10-61　创建扫掠截面特征　　　　图 10-62　创建减去特征

（46）单击"确定"按钮，创建阵列特征，如图 10-63 所示。

（47）单击"边倒圆"按钮　，创建边倒圆特征。

（48）选取"菜单 | 插入 | 偏置/缩放 | 抽壳"命令，在【抽壳】对话框中"类型"选取"移除面，然后抽壳"选项，"厚度"设为 3mm。

（49）选取底面为可移除面，单击"确定"按钮，创建抽壳特征，如图 10-64 所示。

（50）单击"保存"按钮　，保存文档。

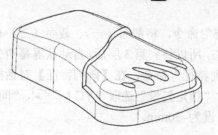

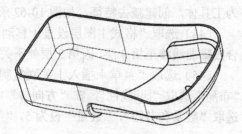

图 10-63　创建阵列特征　　　　图 10-64　创建抽壳特片

4. 塑料盖

产品图如图 10-65 所示。

图 10-65　产品图

（1）启动 NX10.0，单击"新建"按钮，在【新建】对话框中"名称"设为"塑料盖"，"单位"选择"毫米"，选取"模型"模板，"文件夹"选取"D：\"。

（2）单击"确定"按钮，进入建模环境。

（3）单击"拉伸"按钮，在【拉伸】对话框中单击"绘制截面"按钮，选取 XOY 平面作为草绘平面，X 轴作为水平参考，绘制一个截面，如图 10-66 所示。

（4）单击"完成"按钮，在【拉伸】对话框中"指定矢量"选"ZC↑"，把"开始距离"设为 0，"结束距离"设为 30mm，对"布尔"选取"无"，"拔模"选取"从起始限制"，"角度"设为 2°，"体类型"选取"片体"。

（5）单击"确定"按钮，创建拉伸特征，如图 10-67 所示。

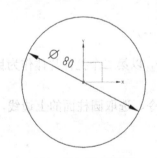

图 10-66　绘制截面

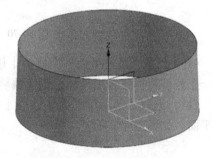

图 10-67　创建拉伸片体

（6）单击"拉伸"按钮，在【拉伸】对话框中单击"绘制截面"按钮，选取 ZOY 平面作为草绘平面，Y 轴作为水平参考，绘制一个截面，如图 10-68 所示。

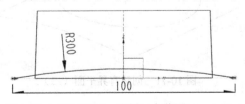

图 10-68　绘制一个截面

（7）单击"完成"按钮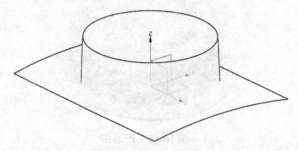，在【拉伸】对话框中"指定矢量"选"XC↑"，对"结束"选取"对称值"，把"距离"设为65mm，对"布尔"选取"无"，"拔模"选取"无"，"体类型"选取"片体"。

（8）单击"确定"按钮，创建拉伸特征，如图10-69所示。

图 10-69　创建拉伸片体

（9）选取"菜单｜插入｜修剪｜修剪片体"命令，以第一个拉伸片体作为目标体，第二个拉伸片体作为工具体，创建修剪片体（一），如图10-70所示。

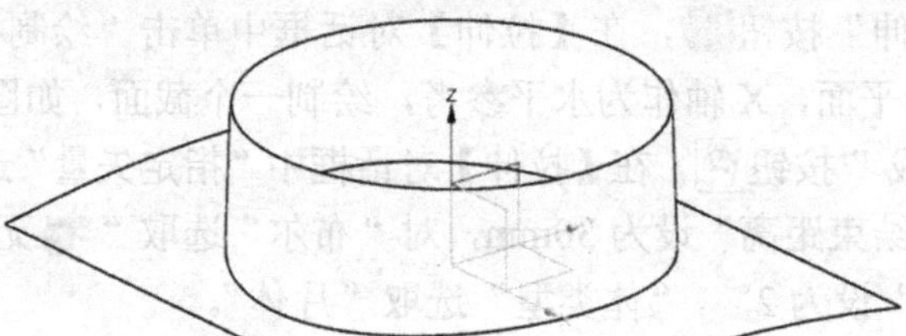

图 10-70　创建修剪片体（一）

（10）选取"菜单｜插入｜修剪｜修剪片体"命令，以第二个拉伸片体作为目标体，第一个拉伸片体作为工具体，创建修剪片体（二）。

（11）选取"菜单｜插入｜曲面｜有界平面"命令，选取圆柱面的上边线，创建有界平面，如图10-71所示。

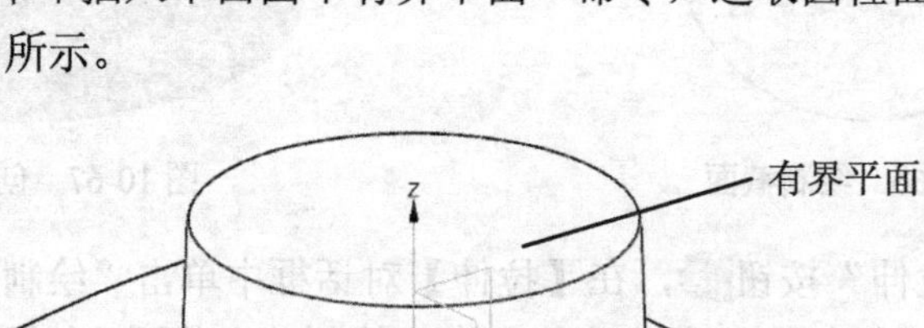

有界平面

图 10-71　创建有界平面（二）

（12）选取"菜单｜插入｜组合｜缝合"命令，缝合所有的曲面。

（13）单击"边倒圆"按钮，创建边倒圆特征 R8mm，如图 10-72 所示。

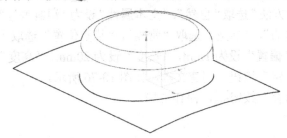

图 10-72　创建边倒圆特征

（14）选取"菜单｜插入｜偏置/缩放｜加厚"命令，"厚度"设为 2mm，创建加厚特征。

（15）单击"拉伸"按钮，在【拉伸】对话框中单击"绘制截面"按钮，选取 *XOY* 平面作为草绘平面，*X* 轴作为水平参考，绘制一个截面，如图 10-73 所示。

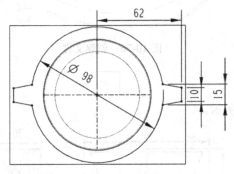

图 10-73　绘制截面

（16）单击"完成"按钮，在【拉伸】对话框中"指定矢量"选"ZC↑"，把"开始距离"设为-10mm，"结束距离"设为 35mm，对"布尔"选取"求交"，"拔模"选取"无"。

（17）单击"确定"按钮，创建拉伸特征，如图 10-74 所示。

（18）单击"拉伸"按钮，创建两个小孔，孔的直径为φ5mm，中心距为 110mm，如图 10-75 所示。

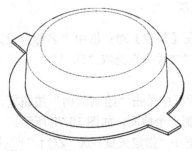
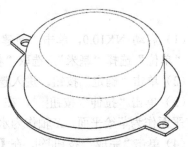

图 10-74　创建求交特征　　　　图 10-75　创建孔特征

（19）选取"菜单｜插入｜曲线｜文本"命令，在【文本】对话框中"类型"选取"曲线上"，对"定位方法"选取"自然"，"文本属性"设为"塑料盖"，"线型"选取"Arial"，"脚本"选取"西方的"，"字型"选取"常规"，"描点位置"选取"中心"，把"参数百分比"设为75%，"偏置"设为1mm，"长度"设为20mm，"高度"设为4mm。

（20）单击"确定"按钮，创建文本，如图 10-76 所示。

（21）单击"保存"按钮，保存文档。

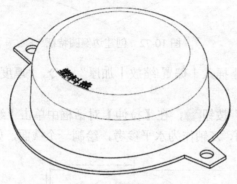

图 10-76　创建文件

5. 凹模

产品图如图 10-77 所示。

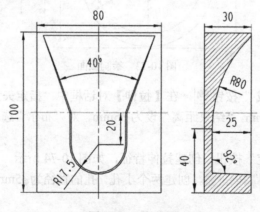

图 10-77　产品图

（1）启动 NX10.0，单击"新建"按钮，在【新建】对话框中"名称"设为"凹模"，"单位"选择"毫米"，选取"模型"模板，"文件夹"选取"D：\"。

（2）单击"确定"按钮，进入建模环境。

（3）单击"拉伸"按钮，在【拉伸】对话框中单击"绘制截面"按钮，选取XOY 平面作为草绘平面，X 轴作为水平参考，绘制一个截面，如图 10-78 所示。

（4）单击"完成"按钮，在【拉伸】对话框中"指定矢量"选"ZC↑"，把"开始距离"设为 0，"结束距离"设为 30mm，对"布尔"选取"无"，"拔模"选取"无"。

（5）单击"确定"按钮，创建拉伸特征，如图 10-79 所示。

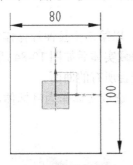

图 10-78　绘制截面

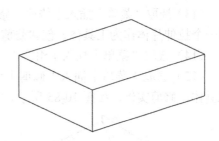

图 10-79　创建拉伸特征

（6）单击"拉伸"按钮 ，在【拉伸】对话框中单击"绘制截面"按钮 ，选取 *ZOY* 平面作为草绘平面，*Y* 轴为水平参考，绘制一个截面，如图 10-80 所示。

（7）单击"完成"按钮 ，在【拉伸】对话框中"指定矢量"选取"XC↑" ，对"结束"选取"对称值"，"布尔"选取" 无"，"拔模"选取"无"。

（8）单击"确定"按钮，创建拉伸特征，如图 10-81 所示。

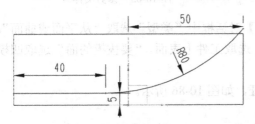

图 10-80　绘制截面（二）

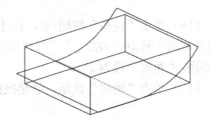

图 10-81　创建拉伸特征

（9）单击"拉伸"按钮 ，在【拉伸】对话框中单击"绘制截面"按钮 ，选取 *XOY* 平面作为草绘平面，*X* 轴作为水平参考，绘制一个截面，如图 10-82 所示。

（10）单击"完成"按钮 ，在【拉伸】对话框中"指定矢量"选"ZC↑" ，把"开始距离"设为 0，"结束距离"设为 35mm，对"布尔"选取" 无"，"拔模"选取"无"。

（11）单击"确定"按钮，创建拉伸曲面，如图 10-83 所示。

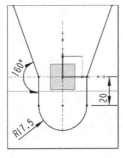

图 10-82　绘制截面

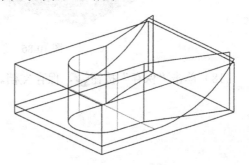

图 10-83　创建拉伸曲面

（12）选取"菜单｜插入｜修剪｜修剪片体"命令，以第一个拉伸片体作为目标体，第二个拉伸片体作为工具体，创建修剪片体（一）。

（13）选取"菜单｜插入｜修剪｜修剪片体"命令，以第二个拉伸片体作为目标体，第一个拉伸片体作为工具体，创建修剪片体（二），隐藏实体后如图 10-84 所示。

（14）选取"菜单｜插入｜组合｜缝合"命令，缝合所有的曲面。

（15）选取"菜单｜插入｜修剪｜修剪体"命令，选取实体作为目标体，片体作为工具体，修剪实体，如图 10-85 所示。

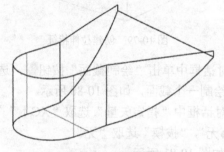 

图 10-84　修剪片体　　　　　　　　　　图 10-85　修剪实体

（16）单击"拔模"按钮 ，在【拔模】对话框中"类型"选取"从平面或曲面"，"脱模方向"选取"+ZC↑" ，"固定面"选取工件上表面，"要拔模的面"选取凹模的侧面，"角度"设为 2°。

（17）单击"确定"按钮，创建拔模特征，如图 10-86 所示。

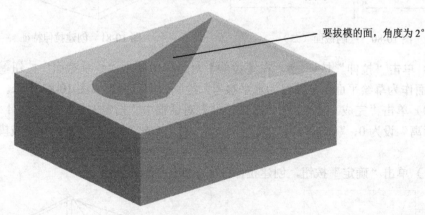

要拔模的面，角度为 2°

图 10-86　创建拔模特征

（18）单击"保存"按钮 ，保存文档。

第11章 PMI 标注

PMI 标注可以直接在 3D 实体上标注尺寸，更直观地表达特征的尺寸关系，本章以一个简单的实例，如图 11-1 所示，详细介绍在 UG 实体上进行 PMI 标注的基本方法。

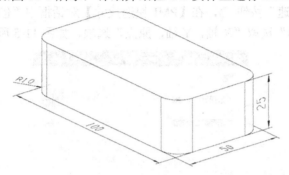

图 11-1　产品图

（1）先创建一个拉伸实体，尺寸为 100mm×50mm×25mm，并倒圆角（R10mm），如图 11-2 所示。

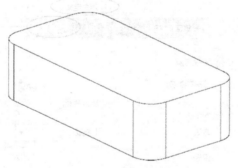

图 11-2　创建拉伸实体

（2）在横向菜单中单击"应用模块"选项卡，再单击"PMI"按钮，如图 11-3 所示。

图 11-3　单击"PMI"按钮

（3）再在横向菜单中单击 PMI 选项卡，显示 PMI 菜单按钮，如图 11-4 所示。

图 11-4　PMI 菜单按钮

（4）单击"快速"按钮，在【PMI 快速尺寸】对话框中"刨"选取"用户定义"选项，"指定 CSYS"选取"X 轴，Y 轴，原点"选项，如图 11-5 所示。

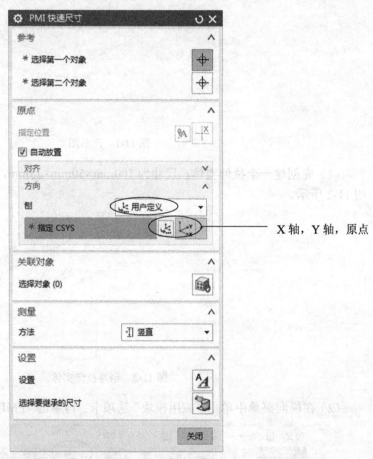

X 轴，Y 轴，原点

图 11-5　选取"用户定义"

（5）在实体上选取一个顶点为坐标原点，一条边线为 X 轴，另一条边线为 Y 轴，如图 11-6 所示，创建一个坐标系，如图 11-7 所示。

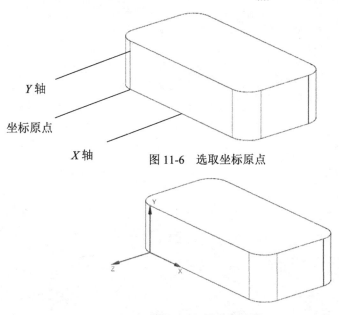

图 11-6　选取坐标原点

图 11-7　创建坐标系

（6）在实体上选取两个顶点，创建一个标注，如图 11-8 所示。

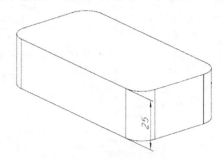

图 11-8　创建 PMI 标注

（7）采用相同的方法，创建其他 PMI 标注，如图 11-9 所示。

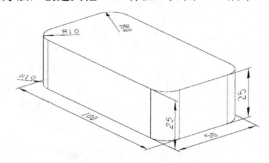

图 11-9　创建其他 PMI 标注